“十四五”国家重点出版物出版规划

应对气候变化能力建设系列丛书

气候变化科学、影响及适应

生态环境部应对气候变化司 / 著

中国环境出版集团 · 北京

图书在版编目（CIP）数据

气候变化科学、影响及适应 / 生态环境部应对气候变化司著 . — 北京：中国环境出版集团，2025.6

（应对气候变化能力建设系列丛书）

ISBN 978-7-5111-5577-1

Ⅰ . ①气… Ⅱ . ①生… Ⅲ . ①气候变化—对策—研究—世界 Ⅳ . ① P467

中国国家版本馆 CIP 数据核字（2023）第 149100 号

策划编辑 郭媛媛
责任编辑 孟亚莉
封面设计 宋 瑞

出版发行 中国环境出版集团
（100062 北京市东城区广渠门内大街 16 号）
网 址：http://www.cesp.com.cn
电子邮箱：bjgl@cesp.com.cn
联系电话：010-67112765（编辑管理部）
010-67112735（第一分社）
发行热线：010-67125803，010-67113405（传真）

印 刷 北京中科印刷有限公司
经 销 各地新华书店
版 次 2025 年 6 月第 1 版
印 次 2025 年 6 月第 1 次印刷
开 本 787 × 1092 1/16
印 张 11
字 数 200 千字
定 价 70.00 元

前　言

近百年来，全球正经历着以变暖为显著特征的气候变化，这一变化已深刻影响人类的生存和发展。2021 年 8 月，联合国政府间气候变化专门委员会（IPCC）发布的第六次评估报告指出，大气圈、海洋、冰冻圈和生物圈已经发生了广泛而迅速的变化，当前气候系统各圈层的状态为过去几个世纪，甚至几千年来前所未有。

2021 年，全球平均气温较工业化前（1850—1900 年平均值）水平高出 1.1℃，2015—2021 年是有完整气象观测记录以来最暖的七年。2021 年，四个关键气候变化指标——温室气体浓度、海平面上升、海洋热量和海洋酸化均创下了新纪录，这是人类活动正在造成全球范围内陆地、海洋和大气变化的又一明显迹象，对可持续发展和生态系统有持久的、有害的影响。受全球气候变暖影响，气候系统更加不稳定，高温热浪、极端降水、强风暴、区域性气象干旱等影响和极端天气气候事件频发强发，2022 年的极端高温天气更是袭击了全球多个地方，人类社会经济系统和自然生态系统面临着严峻挑战。

我国地处世界上最大的陆地——亚欧大陆的东部，东临世界上面积最大的海洋——太平洋，海陆热力性质差异大，是世界上季风气候最典型的国家之一。受地理位置、地形地貌和气候特征等因素影响，我国气象灾害种类之多、范围之广、发生频次之高、极端性之强、影响之重超过世界上绝大多数国家，也是全球气候变化的敏感区和显著影响区。20 世纪中叶以来，我国区域升温率明显高于同期全球平均水平。气候变化对我国粮食安全、能源保供、水资源、生态环境、重大工程等诸多领域构成严重影响，气候风险水平趋高。

气候变化是当今人类发展所面临的最大非传统安全挑战，积极应对气候变化已成为国际社会的共识。科学把握气候变化规律，有效降低气候风险，合理开发利用气候资源，是科学应对气候变化的基础。党的十八大以来，以习近平同志为核心的党中央高度重视气候变化工作，实施积极应对气候变化国家战略，提出实现碳达峰、碳中和目标愿景的重大战略决策，应对气候变化工作从认识、理念到实践都发生了历史性、转折性、全局性的变化。

为科学推进应对气候变化工作，提高适应气候变化能力，生态环境部应对气候变化司组织编写了《气候变化科学、影响及适应》，本书著作者为巢清尘、李威、徐雨晴、冯爱青、胡婷，书中全面介绍了气候变化科学的发展历程，总结了全球与中国的气候变化基本特点，阐述了气候变化的主要原因，预测了气候变化趋势，并就如何适应气候变化提出政策建议和行动参考，可作为生态环境系统各级干部教育培训用书，也可作为相关领域从业人员的参考用书，希望为凝聚应对气候变化共识、努力实现“双碳”目标做出贡献。

目 录

第1章 气候变化科学的发展

气候是人类赖以生存的自然环境因素，也是社会经济可持续发展的重要基础资源。受自然和人类活动的共同影响，全球正经历着以变暖为显著特征的气候变化。气候变化已经且仍将继续影响人类的生存与发展。人类从古至今都在不断探索气候变化的原因及其造成的影响，比较系统地研究气候变化已有两百年。大量的理论、观测和研究不断丰富人类对气候变化的认识。气候变化已成为当今人类面临的重大全球性挑战。为积极应对气候变化，世界各国纷纷制定近零排放和适应气候变化战略，我国也提出了碳达峰、碳中和目标，充分体现了各国向社会经济可持续发展努力的迫切需求。

1.1 气候变化科学的基本概念

1.1.1 基本概念

天气是指在一定区域内短时间（几分钟到几天）大气中发生的各种气象变化。如雷雨、冰雹、台风、暴雨、寒潮、大风等。例如，我们要描述北京 2020 年 7 月 1 日的天气，一般会说：2020 年 7 月 1 日，北京白天多云转阴，最高气温 33℃，最低气温 22℃。

气候是指一个地区在某段时间内所经历过的天气“总结”，是一段时间内天气的平均或统计状况，反映一个地区的冷、暖、干、湿等基本特征。例如，我们介绍北京的气候，一般会说：北京属于暖温带半湿润半干旱季风气候，四季分明，冬季最长，夏季次之，春、秋短促；雨热同季，降水集中且强度大，主要集中在夏季，尤其是 7

月、8 月两月。具体到某年某个季节的气候时，一般会说冬季是否是暖冬或冷冬。

气候系统是由地球表层的大气圈、水圈、冰冻圈、生物圈和岩石圈表层（土壤圈）五个圈层组成的。气候系统五个圈层中的任何一个圈层的变化都视之为气候变化。例如，全球变暖不仅表现在地表平均温度的上升和海洋热含量增加，冰川退缩、多年冻土活动层加厚、积雪和海冰范围缩小、生物多样性锐减等，都属气候系统相关气候变量发生了变化（图 1-1）。

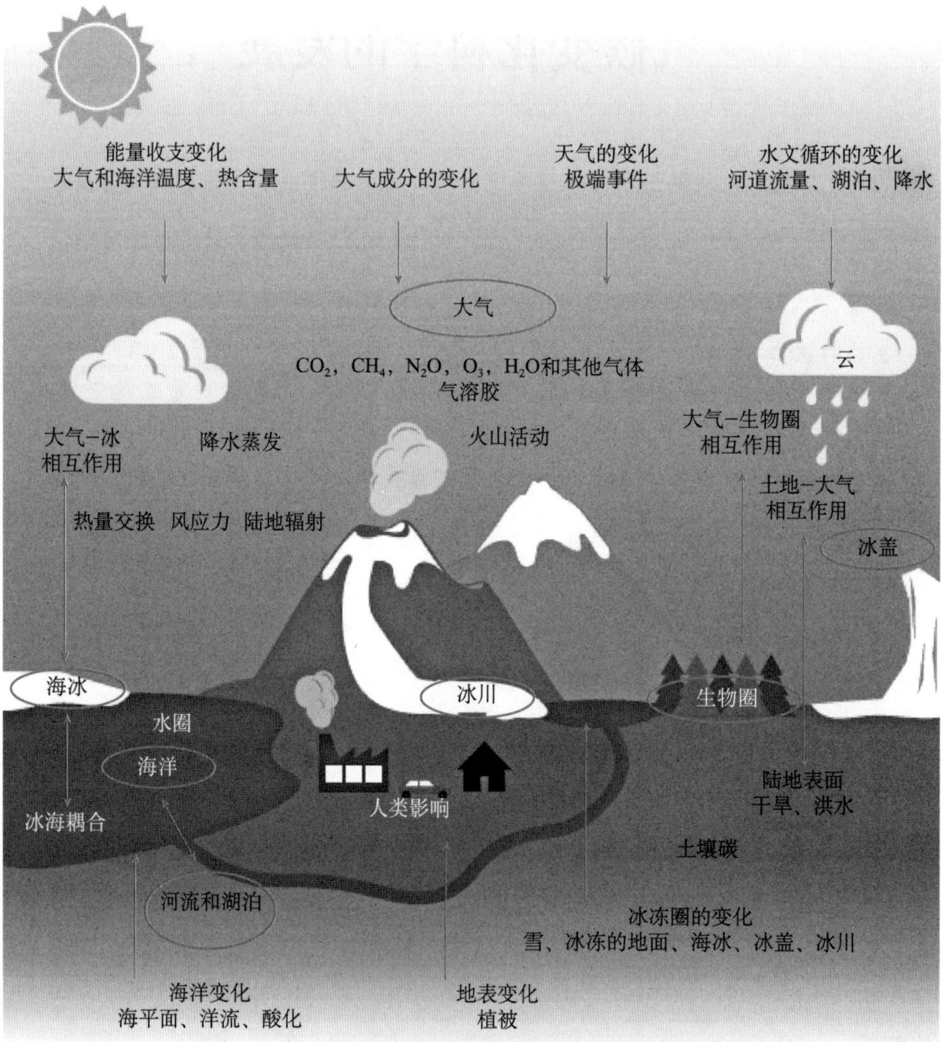

图 1-1 气候系统组成及多圈层的相互作用

［据世界气象组织（WMO）改绘，2019］

气候变化是指气候平均值和气候极端值出现了统计学意义上的显著变化，并持续很长一段时间，通常是几十年或更长时间。平均值的升降，表明气候平均状态的变化；气候极端值增大，表明气候状态不稳定性增加，气候异常愈发明显。

IPCC（专栏 1-1）把气候变化定义为“气候状态的变化，这种变化可以通过其特征的平均值和 / 或变率的变化予以判别（如通过统计检验），这种变化将持续一段时间，通常为几十年或更长的时间”。《联合国气候变化框架公约》（UNFCCC）（专栏 1-2）定义的气候变化为“在可比时期内所观测到的在自然气候变化之外的直接或间接归因于人类活动改变全球大气成分所导致的气候变化”。可以看到，IPCC 定义的气候变化包括了“人为气候变化”和“自然气候变化”，而 UNFCCC 定义的气候变化只涉及“人为气候变化”。

专栏 1-1　联合国政府间气候变化专门委员会（IPCC）及其评估报告

1988 年 11 月，世界气象组织（WMO）和联合国环境规划署（UNEP）根据联合国大会决议，联合建立了政府间气候变化专门委员会（IPCC），旨在就气候变化问题为国际组织和各国决策者提供科学咨询，共同应对气候变化。IPCC 是一个政府间科学技术机构，所有联合国成员国和世界气象组织会员的国家都是 IPCC 的成员，可以参加 IPCC 及其各工作组的活动和会议。IPCC 下设三个工作组和一个专题小组：第一工作组负责气候变化科学的自然科学基础，第二工作组负责气候变化的影响、适应和脆弱性研究，第三工作组负责减缓气候变化的研究；专题小组负责编制国家温室气体清单的方法和指南。IPCC 主要任务是以科学问题为切入点，在全球范围内就气候变化及其影响、脆弱性、适应和减缓气候变化等有关问题，依据当时的国际科学认知水平、经审议通过的评估程序和议事规则，从科学、技术、社会、经济等方面进行评估，再经过科学界和各国政府审查和 IPCC 全会逐句逐段审议通过，形成系列评估报告，为国际组织和各国决策者，以及《联合国气候变化框架公约》（UNFCCC）提供科学技术咨询。

自 1990 年起，IPCC 已经组织编写出版了一系列评估报告、特别报告、技术报告和指南等，对国际社会科学认识气候变化及其影响、气候变化国际谈判产生了重要影响，它们已经成为气候变化领域的标准参考著作，被决策者、科学家和其他专家广泛使用。

专栏 1-2 《联合国气候变化框架公约》

《联合国气候变化框架公约》(UNFCCC) 是 1992 年 5 月 9 日联合国政府间谈判委员会就气候变化问题达成的公约，于 1992 年 6 月 4 日在巴西里约热内卢举行的联合国环发大会（地球首脑会议）上通过。UNFCCC 是世界上第一个为全面控制二氧化碳等温室气体排放，以应对全球气候变暖给人类经济和社会带来不利影响的国际公约，也是国际社会在对付全球气候变化问题上进行国际合作的一个基本框架。公约于 1994 年 3 月 21 日正式生效，20 多年来，在公约框架下国际气候谈判形成了以《京都议定书》、“巴厘路线图”、《哥本哈根协议》和《巴黎协定》为代表的成果。公约提出以“共同但有区别的责任”、公平和各自能力的原则作为应对气候变化国际合作的基本原则。

1.1.2 气候变化科学与 IPCC

在过去 30 多年里，IPCC 每 6 ～ 7 年就邀请全球近千名在气候系统科学各分支和社会经济与可持续发展各领域的科学家，按照科学严谨的工作程序，对已经公开发表的研究进展进行评估，为政策决策提供科学信息，为 UNFCCC 谈判提供科学依据。从启动评估报告编写到评估报告的最终发布，有一套固定的工作流程，主要包括 10 个程序（专栏 1-3）。

自 1990 年以来，IPCC 先后进行了五次大规模的科学评估。1990 年发布了第一次评估报告，1995 年发布了第二次评估报告，2001 年发布了第三次评估报告，2007 年发布了第四次评估报告，2013—2014 年发布了第五次评估报告。五次评估报告从科学上逐步明确了如下结论：一是气候变化正在发生并日趋严峻；二是气候变化主要由人类活动导致的温室气体排放增加造成；三是气候变化给自然生态系统和人类生存与发展带来风险和危害；四是应抓紧采取积极有力的行动应对气候变化，如果不能有效采取行动，未来形势会更加严峻，危害会更大。这些结论对各国应对气候变化的政策行动及多边进程的走向和成果产生了深远影响（表 1-1）。

2015—2022 年进入第六次评估阶段。目前，已经发布了三份特别报告。2018 年

专栏 1-3　IPCC 编写评估流程

10 月发布的《全球 1.5℃增暖特别报告》①，阐述了如果维持当前温升速率，全球温升将在 2030—2052 年超过 1.5℃。1.5℃温升面临的风险低于 2℃的风险。将温升控制在 1.5℃，要使全球 2030 年二氧化碳排放量在 2010 年的基础上减少 45%，并在 2050 年前后达到净零排放。实现 1.5℃温升的行动与可持续发展目标具有一定协同作用，但存在负面影响。多层面的合作可为实现 1.5℃温升提供有利环境，国际合作是发展中国家和脆弱地区采取行动的关键。

---

①《全球 1.5℃增暖特别报告》全称是《升温 1.5 ℃增暖：关于全球升温高于工业化前水平 1.5℃的影响以及相关的全球温室气体排放路径的 IPCC 特别报告》。

表 1-1　IPCC 五次评估报告的主要结论

结论	第一次评估报告（1990 年）	第二次评估报告（1995 年）	第三次评估报告（2001 年）	第四次评估报告（2007 年）	第五次评估报告（2013—2014 年）
观测到的气候变化及影响	过去 100 年，全球平均地表温度已经上升了 0.3 ～ 0.6℃。气候变化对农业和家畜具有重要影响，但不能确定全球农业产量变化情况。生态系统的结构已经发生了变化。全球增温加速了海平面上升，改变了海洋环流和海洋生态系统。最容易遭受自然灾害袭击地区的人群是最脆弱的。	19 世纪末以来，全球平均地表温度上升了 0.3 ～ 0.6 ℃。在过去的 100 年，全球海平面上升了 10 ～ 25 cm。存在部分地区极端天气气候事件发生变化的明显证据。人类的健康、陆地和水生生态系统以及社会经济系统对于气候变化的程度和速度都是敏感的，很多地区受到的不同程度的影响甚至是不可逆转的，当然也有一些影响是有利的。	日益增加的观测结果，给出了一个世界变暖的整体图景。气候变化已经影响了许多自然和生物系统，一些人类系统已经被影响。自然系统对气候变化是脆弱的，一些系统将受到不可逆转的危害。	目前，从全球平均气温和海温升高、大范围积雪和冰融化、全球平均海平面上升的观测中可以看出，气候明显变暖。所有大陆和大部分海洋的观测证据表明，许多自然系统正在受到区域气候变化的影响，特别是温度升高的影响。区域气候变化对自然环境和人类环境的其他影响正在出现。	自 20 世纪 50 年代以来，许多观测到的变化在以前的几十年至几千年是前所未有的。大气和海洋已经升温，雪量和冰量出现下降，海平面已出现上升。最近几十年，气候变化已经对所有大陆上和海洋中的自然系统和人类系统造成影响。不管其成因为何，上述影响是由观测到的气候变化造成的，这说明自然系统和人类系统对气候的变化非常敏感。
变化的原因	确信人类活动产生的各种排放正在使大气中的温室气体浓度显著增加，使地表温度升高。	人类活动已经对全球气候系统造成了“可以辨别”的影响。	近 50 年观测到的大部分增暖“可能”（66%～90%的概率）归因于人类活动造成的温室气体浓度上升。海平面、雪盖、冰面积和降水的变化与地球表面正在变暖的气候是一致的。	从 20 世纪中叶以来的全球变暖，“很可能”（90% 以上的概率）是由于观测到的人为温室气体浓度增加所导致。可辨别的人类活动影响扩展到了气候的其他方面，包括海洋变暖、大陆尺度的平均温度、温度极值以及风场。	观测到的 1951—2010 年全球地表平均温度升高的一半以上“极有可能”（95% 以上的概率）是人类对气候的影响造成的。具有高信度的是，这导致了 20 世纪下半叶海洋变暖、冰雪融化、全球平均海平面上升，以及一些极端气候事件发生。

续表

结论	第一次评估报告（1990 年）	第二次评估报告（1995 年）	第三次评估报告（2001 年）	第四次评估报告（2007 年）	第五次评估报告（2013—2014 年）
未来气候变化趋势及其风险	预计 21 世纪全球平均温度将继续升高。全球生物多样性减少的风险越来越大，某些物种可能灭绝。预计 2050 年前海平面将上升 30 ～ 50 cm，对沿海地区和岛屿国家将产生威胁。	在没有减缓政策或能够减少排放、增加碳汇的重大技术进步情况下，21 世纪温室气体和气溶胶浓度将继续上升。气候系统有关要素都将向变暖发展。虽然定量预测未来的影响比较困难，但真实情况会比我们想象的更严峻，即使稳定温室气体浓度仍会使温度和海平面继续上升。	在所有的气候情景下，全球平均气温和海平面预计都将升高。人为引起的气候变化将持续数个世纪。目前，大规模的并可能产生不可逆转影响的事件的风险还难以定量分析。	若沿用当前的气候变化减缓政策和相关的可持续发展做法，未来几十年全球温室气体排放量将继续增加。温室气体以当前的或高于当前的速率排放将会引起 21 世纪进一步变暖，并会诱发全球气候系统中的许多变化，这些变化很可能大于 20 世纪期间所观测到的变化。	持续的温室气体排放将会导致气候系统所有组成部分进一步变暖并出现长期变化，会增加对人类和生态系统造成严重、普遍和不可逆影响的可能性。气候变化将放大对自然和人类系统的现有风险并产生新的风险。风险分布不均，并且通常对各发展水平国家的弱势群体和社区的影响更大。
适应和减缓的选择方案	考虑应对气候变化的响应对策有很大困难，但应实施全球性的、全面的和分阶段的行动。工业化国家应在国内采取措施限制气候变化，加强同发展中国家的合作，同时不妨碍后者的发展。可采取的战略包括：逐步停止 CFC 排放，在能源供应、转换和最终使用方面提高效率，实行节约、可持续森林管理和植树造林，使用温室气体排放少或无排放的清洁及效率高的能源，加强农业管理。	技术发展为管理自然和社会经济系统增加了适应对策选择，但很多地区尚不能获得这些技术和信息。只有停止排放，才能有效使一些寿命极长的气体浓度稳定下来。温室气体净排放的大幅减少在技术上是可能的，经济上也是可行的。实际情况下获得信息的程度、技术推广的力度以及相关的法律、管理能力决定了技术潜力和成本。公平问题是气候变化政策、公约及实现可持续发展的一个重要方面。	适应是补充减缓气候变化的一个必要战略。资源最少的地区适应能力最弱，而且最脆弱。不同发展道路会产生非常不同的温室气体排放。低排放情景要求采取不同的能源资源开发模式，减缓气候变化将受到更广泛的社会经济政策，包括与发展、可持续性和公平有关的政策影响，并对它们产生影响。森林、农业用地和其他陆地生态系统提供很大的减排潜力。	已有一系列适应选择方案，还需要采取比当前更为广泛的适应措施。目前，还存在某些障碍、限制和成本未得到充分认识。适应能力与社会经济发展有内在的联系，但各社会之间和社会内部的分布不均衡。未来几十年对减缓全球温室气体的排放有着相当大的经济潜力，这一潜力能够抵消预估的全球排放的增长或将排放降至当前水平以下。已有一系列政策和手段可供政府用于制定旨在鼓励采取减缓行动的激励措施。《联合国气候变化框架公约》及其《京都议定书》、全球碳市场和新的体制机制，为未来减缓努力奠定了基础。	适应和减缓是减轻和管理气候变化风险相辅相成的战略。未来几十年的显著减排可降低 21 世纪及之后的气候风险，提升有效适应的预期，降低长期减缓的成本和挑战并可促进有气候抗御力的可持续发展路径。许多适应和减缓方案可有助于应对气候变化，但只靠单一方案却远远不够。有效的实施取决于全方位的政策与合作，而通过综合响应，将适应和减缓与其他社会目标相结合，可促进实施。

《气候变化与土地特别报告》[①]强调了土地作为关键资源对气候系统起着重要的调节作用，未来气候变化对土地的影响将不断增加，一些部门和区域将可能面临更高的或者前所未有的风险，全球粮食系统排放占人为温室气体总排放的1/3左右。未来粮食系统的减排潜力较大，应对气候变化需要尽早行动，多种应对措施的协调和整合至关重要。

《气候变化中的海洋和冰冻圈特别报告》强调了气候系统变暖背景下的高山区和极区冰冻圈普遍退缩，未来冰冻圈将继续消融，高山区和极区将面临更高的灾害风险。自20世纪70年代以来，全球海洋持续增暖。未来，海洋将继续变暖、加速酸化，影响海洋生物多样性并危及海洋生态系统服务功能和人类社会。全球平均海平面加速上升，未来数百年海平面仍将持续上升，极端海平面事件频发将加剧沿海生态系统和海岸带灾害风险。采取及时、积极、协调和持久的行动，是有效应对气候相关的海洋和冰冻圈变化的关键所在。

在2021年9月发布的第六次评估报告第一工作组报告中，进一步确认了人类活动已造成气候系统发生了前所未有的变化，至少到21世纪中期，气候系统的变暖仍将持续。强调要重视并发极端事件和复合型事件，努力实现净零碳排放。2022年3月发布的第二工作组报告，强调了气候变化已经对自然和人类系统造成了广泛的不利影响。未来，多种气候变化相关风险将进一步加剧，跨部门、跨区域的复合型气候变化风险将增多且难以管理。4月将发布第三工作组报告，9月将发布综合报告，这些报告将对2023年的全球盘点提供重要科学信息。

这种将自然科学与人文社会学科结合的研究方向，是当代环境科学的一个“新常态”，也是现代意义上的“气候变化科学”。

1.2 现代气候变化科学的发展

1.2.1 气候系统观测网

气候系统的长时间观测是气候变化的重要资料基础和气候模式发展的必要支撑，对提高气候系统及其可预测的认识，以及开展气候变化影响评估和适应对策都具有十分重要的作用。气候系统的观测主要包括实地观测和遥感观测两种手段（图1-2）。实地观测主要指在某一地点对气候系统要素直接获取的观测结果。卫星遥感是当代气候系统观测的一种重要的观测手段。最近几十年来，气象卫星和其他类型的卫星提供了地—气系统辐射收支、陆表植被、土地使用、土壤特征和海面温度等信息，

① 《气候变化与土地特别报告》全称是《气候变化与土地：IPCC关于气候变化、荒漠化、土地退化、可持续土地管理、粮食安全以及陆地生态系统温室气体通量的IPCC特别报告》。

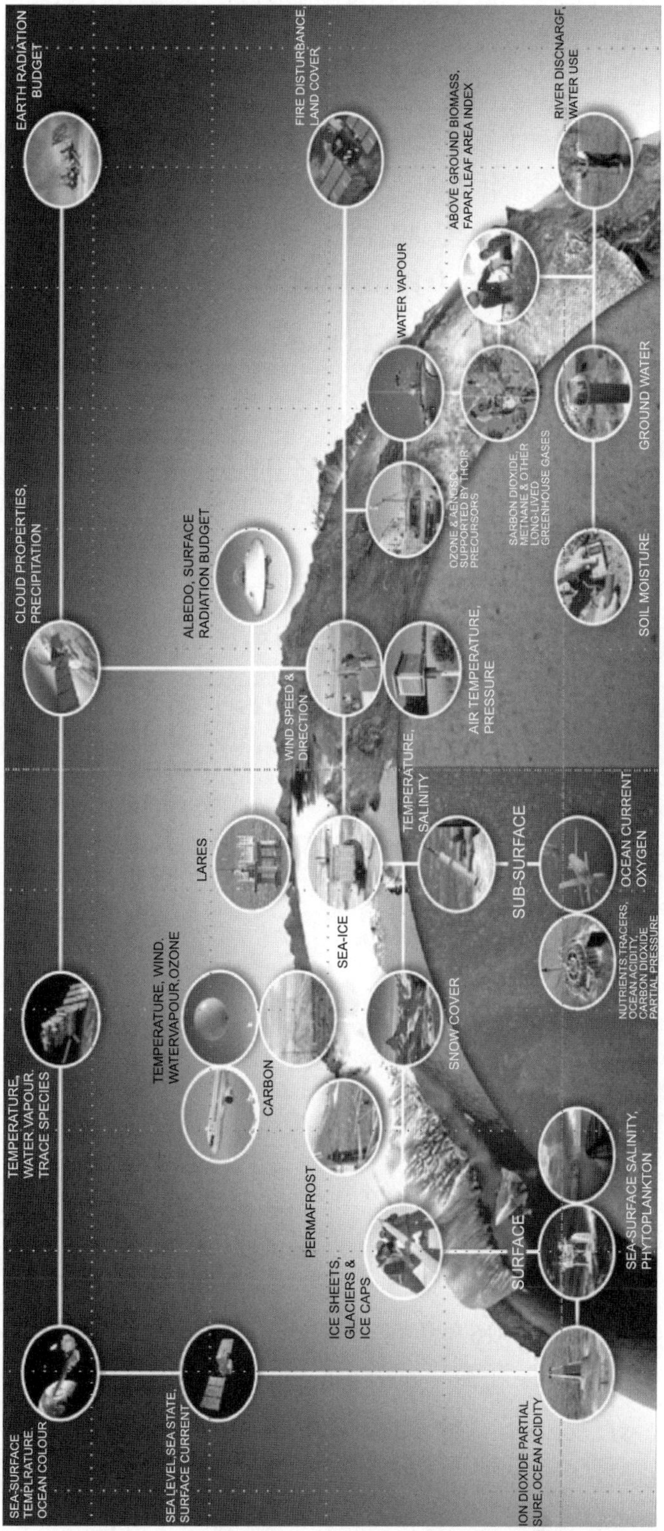

图 1-2　全球气候观测系统

为解决海洋、沙漠、高山等地区记录稀少的问题开辟了新途径。综合的多圈层全球气候观测系统是提供高质量气候变化资料和相关产品、提供气候系统过去和现在详细信息的基础。

从国际上看，对气候系统各个要素的观测主要通过全球气候观测系统（GCOS）进行。GCOS 强调气候系统整体观测，分为大气、海洋、陆地三个观测子系统，利用实地和空基观测技术，获取大气、海洋、陆地系统关于气候的物理、化学和生物特征参数，提供所有用户共享。最新的观测要素见表 1-2。

表 1-2 GCOS 实施计划（IP-10）基本气候变量①

领域	基本气候变量	
大气（包括陆面、海面和冰面以上）	表面②	气温，风速和风向，水汽，气压，降水，地表辐射收支
	高空大气③	温度，风速和风向，水汽，云特征，地球辐射收支（包括太阳辐照度）
	大气成分	二氧化碳，甲烷，其他长生命周期温室气体④，臭氧和气溶胶，及其前体物⑤
海洋	表面⑥	海表温度，海表盐度，海平面，海况，海冰，海表洋流，海色，二氧化碳分压，海洋酸度，浮游植物
	次表层	温度，盐度，洋流，营养物，二氧化碳分压，海洋酸度，氧，海洋示踪物
陆地	河流流量，水利用，地下水，湖泊，积雪，冰川和冰帽，冰盖，多年冻土，反照率，地表覆盖（包括植被类型），光合有效辐射，叶面积指数，地上生物量，土壤碳，火干扰，土壤湿度	

注：① 基本气候变量：是指用以表征气候特征的单个物理、化学和生物学变量或一组紧密相关的变量，其对于表征气候系统及其变化至关重要，且应具观测技术上的可行性和成本效益。

② 指接近地面的标准高度处的测量。

③ 至平流层顶。

④ 包括 N_2O、CFCs、HCFCs、HFCs、SF_6、PFCs。

⑤ 尤其是指 SO_2、HCHO、CO。

⑥ 包括表面混合层的测量，通常在上部 15 m 范围内。

中国气候观测系统依靠多部门联合观测，重点加强了陆地和海洋及高空大气观测、区域大气成分观测、水循环和碳循环观测、卫星的规范化连续观测，以及土地利用、冰川、冰盖和冻土变化的观测。

在综合陆基气象观测方面，中国已初步建立了地面、高空和空间三位一体的立体气候系统观测网络。截至 2016 年年底，气象部门建设的陆（海）基台站 6 万多个，覆盖 96% 以上的乡镇。新一代天气雷达 190 部，覆盖 58% 的国土面积。全国共有 350 个颗粒物质量浓度观测站、376 个酸雨观测站、29 个沙尘暴观测站，以及 1 个全球大气本底监测站和 6 个区域大气本底监测站。正在积极推动国家气候观象台建设。初步建立了全国旱情监测系统，建设自动和人工监测站点 1 021 个。

在气象卫星观测方面，中国已发射运行 16 颗气象卫星。目前，有 9 颗气象卫星在轨运行，包括 1 颗全球二氧化碳监测科学实验卫星。国内外有 6 个地面接收站。2016 年开始，中国已具备卫星对全球主要温室气体含量的监测能力。

在温室气体观测方面，中国青海的瓦里关站是世界气象组织全球大气观测网的 31 个全球大气本底观测站之一，也是目前欧亚大陆腹地唯一的大陆型全球本底站。随后，在北京上甸子、浙江临安、黑龙江龙凤山、云南香格里拉、湖北金沙和新疆阿克达拉 6 个区域大气本底站陆续实现了主要温室气体浓度的在线观测，分别代表京津冀、长三角、东北平原、云贵高原、江汉平原和北疆地区的大气本底特征。

在海洋综合观测方面，中国海洋观测网的覆盖范围包括中国近岸、近海和中远海，以及全球大洋和极地重点区域，按岸基、离岸、大洋和极地进行布局。近些年，海洋观测按照“一站多功能”的原则，优化中心站、海洋站（点）布局规划。2018 年，已建设海洋观测站点 124 个、各类浮标 57 个，设置海洋标准断面调查站位 120 个、在轨海洋卫星 2 颗。中国自沉浮式剖面探测浮标计划自 2002 年年初组织实施以来，已经在太平洋、印度洋等海域投放了 394 个自沉浮式剖面探测浮标。2017 年，在南大洋首次布放深海型剖面浮标 2 个。

在极地和大洋调查方面，中国每年开展一次南极科学考察，每 1 ～ 2 年开展一次北极科学考察，截至 2018 年，已组织实施了 5 次南极科学考察、2 次北冰洋综合科学考察。长城站、中山站和黄河站初步具备了海洋和气象综合观测能力，截至 2018 年，已组织开展了 38 航次大洋调查，积累了大量认知极地和全球气候变化的基础数据。

在陆地生态系统观测方面，中国生态系统观测主要包括由中国科学院进行长期定位观测的大型研究网络——生态系统研究网络和以林业部门为主管理的中国陆地生态系统定位观测研究网络。生态系统研究网络有 44 个站、5 个分中心和 1 个综合研究中心，监测项目包括气象要素、土壤要素、水文要素、生物要素等。中国陆地生态系统定位观测研究网络包括森林生态站网、湿地生态站网和荒漠生态站网，是以森林、湿地、荒漠三大生态系统类型为研究对象，开展生态系统结构与功能的长期、连续、定位野外科学观测和生态过程关键技术研究。截至 2018 年，有台站 188 个。

此外，还包括气候系统其他要素观测。如水利部门的基本水文站 3 000 余个，雨量站超过 1.5 万个，地下水观测井超过 1.2 万个。气象部门和国土资源部门也设有相应的降水、蒸发、地下水观测井。

长期的气象观测是全人类共同的文化和科学遗产，其观测资料对防灾减灾、应对气候变化、气象科研等意义重大。根据世界气象组织 2012 年确定的认证机制，满足运行时间在百年以上，缺测不超过 10%（不含战争和灾害等影响），没有造成观测气候特征变化的迁站等 9 个条件的气象站被认定为世界百年气象站。截至 2019 年 11 月，我国有包括上海徐家汇国家气象观测站、呼和浩特国家基本气象站、长春国家基准气候站、营口国家基本气象站和香港天文台等气象站在内的全球首批 60 个气象站被世界气象组织认定为世界百年气象站。我国于 2018 年开展了中国百年气象站认定工作。大连国家基本气象站等 433 个气象站为中国百年气象站。其中，大连国家基本气象站等 10 个气象站为中国百年气象站（百年认定），泰山国家基准气候站等 21 个气象站为中国百年气象站（七十五年认定），丰台国家气象观测站等 402 个气象站为中国百年气象站（五十年认定）。

1.2.2 气候系统模式的发展

气候系统模式的发展（图 1-3）要追溯到数值天气预报的产生。数值模拟是近代科学技术和气象科学，特别是动力气象发展的产物。早期的数值天气预报模式都是区域性的，到 1956 年全世界第一个真正的大气环流模式（Atmospheric General Circulation Model，AGCM）由诺曼·菲利普（Norman Phillips）推出。至此，应用于气候研究的三维气候模式逐步开始发展。20 世纪 60 年代中期至 70 年代中期，三维气候模式进一步发展，提高水平和垂直分辨率，改进辐射、凝结和对流参数化方法，

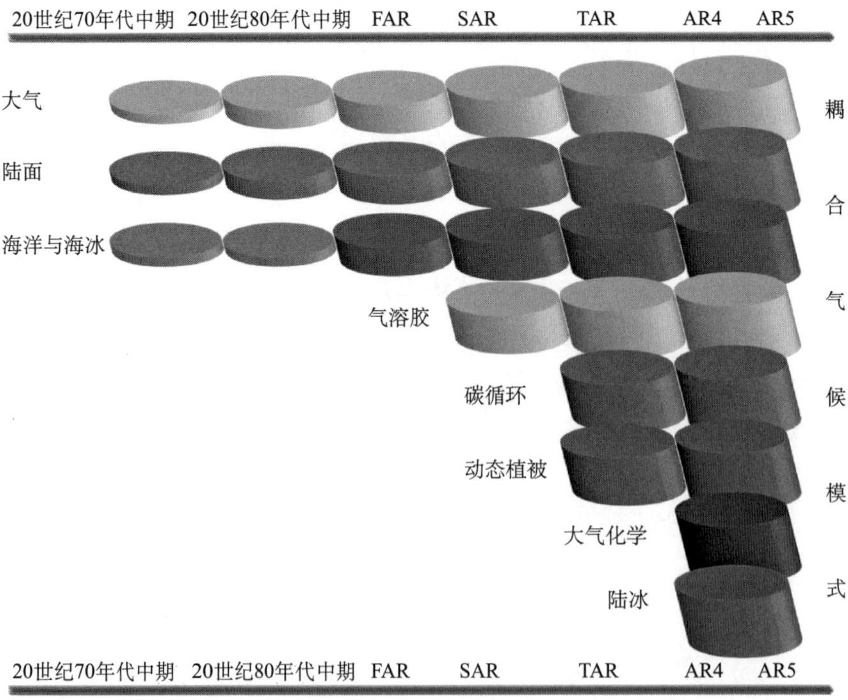

图 1-3 近几十年来气候模式的发展示意图（引自 IPCC AR5 WGI）

（FAR, SAR, TAR, AR4, AR5 分别为 IPCC 第一次、第二次、第三次、第四次、第五次评估报告）

引入更接近实际情况的下边界条件等。这时的气候模式已经可以模拟出大气环流、水分循环的季节变化，甚至能模拟出副热带沙漠、季风、热带辐合带等。

20 世纪 70 年代中期至 80 年代初期，开始研究气候变化。通过敏感性实验，研究地质时期海陆分布、地球轨道要素的变化，以及历史时期太阳辐射、CO_2、极冰、海温的变化对气候的影响。自 20 世纪 80 年代以来，全球气候观测系统的不断完善、国际大型外场观测试验的成功实施以及高性能计算机的飞速发展，为气候模式的迅猛发展提供了基础和条件，气候模式的复杂程度和模拟能力得到了显著的提高。目前，已成为研究全球和区域气候的形成及变异、气候系统各圈层之间的相互作用以及全球变化等的有力工具。

此外，人类社会经济发展会影响气候变化，气候变化对社会经济带来的影响也不容忽视。经济系统作为一个整体，需要利用综合评估模型的思想对气候变化的经济影响进行分析与评估。一般均衡模型（CGE 模型）是目前进行综合评估较为常见的经济模型。有人将局部均衡模型与一般均衡模型进行综合，既反映了气候变化给社会经济带来的影响，同时也反映出采取一定的适应措施带来的经济发展影响。

对气候模式进行评估可以回答“气候模式的可靠性如何”问题，评估需要从多种时空尺度以及对多个气候变量进行全面考察。第五阶段气候模式比较计划（CMIP5）的评估显示，1951—2012 年的全球平均地表温度趋势与观测到的趋势相一致，但是模拟与观测的 1998—2012 年的短期趋势之间存在差异。现有认识表明，造成这种差异主要是因为自然内部年代际变率在很大程度导致了观测和模拟之间的差异，模式模拟不能重现内部变率变化的时间。但从全球来看，具有高信度的是，CMIP5 全球模式对于大尺度地表气温分布型总体上具有很好的模拟能力。CMIP5 全球模式对于大尺度降水特征的模拟与观测也较为一致；对于云（及云辐射影响）的模拟还存在明显的偏差，这种偏差很可能导致云反馈模拟的不确定性。CMIP5 全球模式能够捕捉到观测的全球地表气温变化趋势，特别是近几十年来的气候变暖；对于平流层臭氧的变化趋势模拟普遍与观测相符，基本所有模式都模拟出了平流层臭氧分布；对于高纬地表气候和平流层下层变冷趋势的响应的模拟能力也比之前有所改进（表 1-3）。

表 1-3 CMIP5 模式对气候变化的模拟评估结果

气候变化	简称	信度水平	评估证据水平	一致性水平	模拟效果	与 AR4 的差别
全球海表温度变率	SST-var	高	强	中	中	热带地区略有提高
北大西洋涛动和北半球环状模	NAO	中	中	中	高	无评估
南半球环状模	SAM	低	低	中	中	无评估

续表

气候变化	简称	信度水平	评估证据水平	一致性水平	模拟效果	与 AR4 的差别
大西洋经向翻转环流	AMOC	低	低	中	中	无评估
大西洋多年代际变率	AMV	低	低	中	中	无评估
大西洋经向模态	AMM	高	中	高	低	无评估
大西洋尼诺	AN	低	低	中	低	无评估
厄尔尼诺和南方涛动	ENSO	高	中	高	中	模式间的差异减小，峰值频率提高
印度洋偶极子	IOD	中	中	中	中	无评估
准两年震荡	QBO	中	中	中	高	无评估
太平洋年代际震荡	PDO	低	低	中	中	无评估
年际内太平洋震荡	IPO	低	低	中	高	无评估
北太平洋 / 北美模态	PNA	高	中	高	中	无评估
热带 ENSO 遥相关	ENSO tele	高	强	中	中	无变化

许多模式都再现了 1961—2005 年观测到的海洋上层（0 ～ 700 m）热含量的变化。CMIP5 地球系统模式模拟的全球平均陆地、海洋碳汇和海洋—大气二氧化碳通量大尺度空间分布均在观测范围之内；还再现了海洋—大气二氧化碳通量的大尺度分布，包括南大洋和北半球中纬度地区的吸收和热带地区排放。CMIP5 对大尺度冰雪覆盖面积的模拟较好。就北半球平均来看，模式相当准确地再现了大陆北部积雪覆盖的季节性周期变化，而在偏南地区的模拟偏差较大。多模式平均对多年冻土界限具有较好的模拟能力，对年际和年代际气候变化的模拟能力各异。模拟的 20 世纪后 50 年全球平均极暖和极冷昼夜频次变化趋势与观测基本一致，但在极端性上则高估了极端暖事件的变暖程度，低估了极端冷事件的变暖程度，模拟的极端降水事件更真实。

CMIP5 模式对中国区域气候的模拟还存在一些问题。对于气温而言，对冬季高纬度地区的模拟存在系统性暖偏差，其他地区和季节模拟的气温偏低。CMIP5 模式对气温空间分布有较好的模拟能力，但中国西部地区仍存在显著的冷偏差和不确定性。多数 CMIP5 模式能够模拟出中国降水由西北向东南递增的分布特征，也能够较好地模拟出降水冬弱夏强的季节性变化特征。模式能够再现观测到的各种气温极端指数的空间分布特征，但模拟的气温极端指数普遍比观测偏低，尤其是西部高原地区偏低最显著，模式对于中国地区强降水事件及其时间变化趋势的模拟能力有限。

全球参与 CMIP5 的模式来自 20 个研究团队的 40 余个模式版本，2019 年参与 CMIP6 的研发团队达到 33 个，模式版本达到 112 个。中国有来自中国科学院大气物理研究所、国家气候中心等 9 家机构 13 个版本，CMIP6 模式分辨率较 CMIP5 有一定提高，总体性能也有改进。

1.2.3　对温室效应的认识

温室气体是自然和人为产生的，有特定波长吸收和发射辐射的大气气体成分，其发射的波长在地球发射的红外辐射谱、大气本身和云发射的波长范围内，这些性质会引起温室效应。水汽（H_2O）、二氧化碳（CO_2）、氧化亚氮（N_2O）、甲烷（CH_4）和臭氧（O_3）是大气中主要的温室气体。此外，在大气中还存在大量人造温室气体。如《蒙特利尔议定书》提出减排的卤烃或者其他氯化物和溴化物。除了 CO_2、N_2O 和 CH_4 外，《京都议定书》还提出减排 SF_6、HFCs 和 PFCs 等温室气体。温室气体中，CO_2、CH_4、N_2O、卤烃化合物在大气中均匀混合（包括时间上与空间上），称为均匀混合温室气体。

衡量不同因素对气候变化影响的指标有很多，其中最为广泛使用的是辐射强迫。辐射强迫一般指因施加了某种扰动而造成的地球系统能量平衡的净变化，它通常表示为一段时间内平均的、单位面积上变化的瓦特数。辐射强迫常常表示为两个时间点（比如，工业革命前和现在）之间净辐射能量的差值。

CO_2 和 CFCs 等温室气体，从传统意义上来看并不是对环境有毒害作用的“污染物”，所以在过去的年代里，特别是工业革命以来，人类社会通过化石燃料燃烧、土地利用变化等手段向大气中排放了大量的 CO_2，而过去的观念认为 CO_2 并不需要隔离，可以直接排放到大气中。事实上，大气中的 CO_2 等温室气体按体积混合比来看也是含量非常低的：大气中氮气（N_2）占 78%、氧气（O_2）占 21%、氩气（Ar）等差不多仅占 0.9%。也就是说，大气中 99% 以上的气体都不是温室气体。这些非温室气体一般来说与入射的太阳辐射相互作用极小，也基本上不与地球放射的红外长波辐射产生相互作用。它们既不吸收也不放射热辐射，也基本上不会造成地球气候系统的变化。

对地球气候环境有重大影响的是大气中含量极少的许多微量气体，如 CO_2、CH_4、N_2O 和 O_3 等。这些气体虽然只占大气总体积混合比的 0.1% 以下，但由于它们能够吸收和放射辐射，就像温室的玻璃一样具有“温室效应”（图 1-4），在地球能量收支中起着“被毯”的作用，并造成地表实际平均温度为 14 ～ 15℃的适宜气候，所以这些气体又被称为温室气体。如果没有这些温室气体的“被毯”作用，地球上的气温只有 -18℃，是不适合人类生存的。所以说碳不只是一个化学元素，它还是影响气候变化的根源，正是有了碳引起的“温室效应”，地球平均气温才保持在 15℃左右。但物极必反，碳多了也不行，会给地球环境带来灾难。自然因素和人为因素都可能对气候变化产生影响。其中，大气水汽是自然温室气体中的主要贡献者，但其在长时间的变化不大，而人类活动产生的温室气体是在“加强温室效应”。自工业革命以来，由于 CO_2 等温室气体的增加，大约引起了 1℃的增暖。人类活动对气候环境的影响主要是通过碳排放改变大气中温室气体的浓度而引起的“温室效应”来实现的。

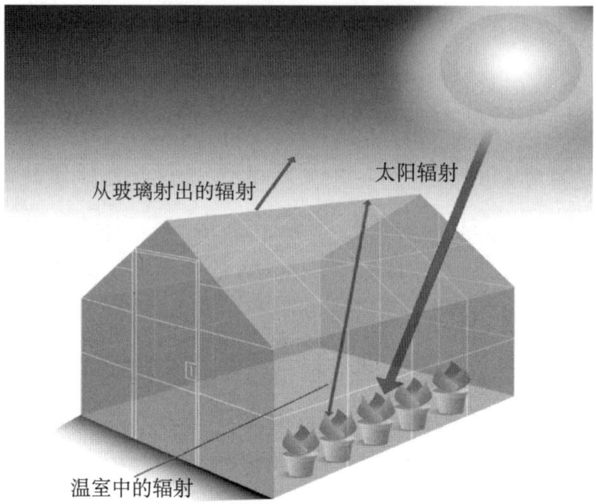

图 1-4　温室效应示意图

温室效应是引起全球气候变暖的关键物理基础。近 200 多年来，世界上的很多科学家为研究温室效应做出了重要贡献。早在 1681 年前，马里奥特尔（Edme Mariotle）就指出，虽然太阳光及其热量容易通过玻璃和其他透明物质，但其他来源的热量却不能穿过玻璃。1824 年，法国科学家约瑟夫・傅里叶（J.Fourier）进一步指出：地球的温度因受空气的影响而能够升高，大气和温室玻璃一样会产生相似的增温结果，这就是温室效应这一名称的由来。1839 年，英国科学家丁德尔（J.Tydall）测量了水汽和 CO_2 对红外辐射的吸收，进一步阐明了大气中微量的温室气体对地球温度变化的特殊作用。1896 年，瑞典科学家阿伦尼乌斯（Arrhenius）发表了一篇题目为《论空气中碳酸对地面温度的影响》的论文（当时的科学界把大气中的 CO_2 称为碳酸），首次对温室气体增暖效应进行了定量计算和预测。其结果表明，如果大气中的 CO_2 以几何级数增加，则全球温度将以算术级数增加，即大气中 CO_2 浓度增加 50% 引起 3℃的平均升温等同于大气中 CO_2 浓度减少 33% 引起 3℃的平均降温。1938 年，卡伦德尔（G.S. Callendar）通过求解一套联系温室气体和气候变化的方程组发现，CO_2 浓度加倍后可使全球平均温度增加 2℃，并且极地增温明显更强。

20 世纪六七十年代，美国国家海洋和大气管理局（NOAA）的科学家真锅淑郎

（Syukuro Manabe）对气候敏感性的计算表明，在考虑了雪盖和海冰对气候变化的反馈作用后所计算的气候敏感性为 3℃左右，他由此荣获了 2021 年诺贝尔物理学奖。1979 年，美国气象学家查尼的研究表明大气中 CO_2 浓度增加 1 倍会引起 3℃的升温（不确定性范围为 1.5 ～ 4.5℃）。在此后的 30 多年来，全球各地的科学家利用各种模型对气候敏感性进行了大量的计算，均认可了这个结论。CO_2 浓度与气候变化敏感度的理论研究为后续气候变化科学奠定了充分的理论基础。20 世纪后逐步开展的观测，证实并强化了现代气候变化认识的科学性。

自工业革命以来，人类活动排放了大量温室气体。在交通、建筑加热（制冷）、水泥生产等过程中，大量化石燃料燃烧排放出 CO_2 等温室气体。同时，森林砍伐不但会释放 CO_2，还会减少植物对 CO_2 的吸收。广泛用于制冷剂和其他工业生产过程的卤烃气体会导致大气平流层中臭氧层的破坏。另外，人类社会工业化发展、城市化进程等活动导致了土地利用以及土地覆盖的变化，使大气中温室气体含量发生变化，影响地表能量平衡。这些增强的“温室效应”是近 100 多年来地球气候系统变暖的主要原因。

1.2.4　与气候变化相关的国际科学计划

自 20 世纪 70 年代以来，随着全球气候变暖、生物多样性锐减等全球环境问题的不断恶化，全球环境变化研究逐步兴起。1979 年召开的主题为“气候与人类”的第一次世界气候大会，推动建立了“世界气候计划”（WCP）、“世界气候研究计划”（WCRP）和联合国政府间气候变化专门委员会（IPCC）。1990 年举行的第二次世界气候大会主题为“全球气候变化及相应对策”，呼吁采取紧急国际行动，以阻止大气中温室气体的迅速增加；会议促成了《联合国气候变化框架公约》（UNFCCC）的出台以及全球气候观测系统（GCOS）的建立。2001 年，国际科学界组织了全球环境变化四大科学研究计划，分别是世界气候研究计划（WCRP）、国际地圈—生物圈计划（IGBP）、国际全球环境变化人文因素计划（IHDP）和国际生物多样性计划（DIVERSITAS）。这些科学计划联合组成地球系统科学联盟（ESSP），目的是促进地球系统变化的集成研究，并利用这些变化进行全球可持续发展的研究，进而为全球气候变化背景下的政治、经济、社会决策提供支持。WCRP 主要集中研究物理气候系统及相互作用，力图对气候系统的四个子系统（全球大气、世界海洋、冰冻圈、陆地表层）有定量的认识。IGBP 旨在与其他科学计划密切合作，研究生物、化学、物理过程与人类系统的相互作用，提供应对全球环境变化方面的科学知识。IHDP 旨在研究人类活动对全球环境变化的影响（驱动），评估全球环境变化对人类生活和财富的影响，探讨人类社会减缓和适应全球环境变化的应对措施。DIVERSITAS 旨在促进生物多样性综合科学的发展，加强生物、生态和社会科学的联系，为生物多样性的保护和可持续利用提供科学基础。自20世纪70年代以来，国际科学界先后组织建立的这四大全球环境变化研究计划围绕地球各圈层环境变化问题，以及人类与这些变化间的相互作用等开展了大量研究，并建立了跨学科、跨区域、跨机构的全球性合作研究网络，大大增进了国际社会对全球环境变化以及气候变化问题的科学认识。

近半个多世纪以来，随着世界经济和人口的迅速增长，人类社会面临着全球环境变化带来的严峻挑战。随着人类经济社会的快速发展，人类征服自然环境的足迹遍布全球，环境问题也从地区性问题发展成为波及世界各国的全球性问题。人口的增加和城市化进程使人类将自己的领地在自然界中无限扩张，造成生态破坏、其他物种栖息地减少，带来了资源消耗的加剧、生存空间的紧张；各种新化学物质和材料的不断问世，也给环境造成了难以消除的污染。

随着对全球变化问题复杂性认识的不断深入，原有研究计划逐步显现出研究对象片段化、研究方法单一化、研究成果内部化等不足，难以对作为复杂巨系统的地球系统开展更为系统、全面和深入的观测与研究，制约了全球变化研究的深入推进和持续发展。2001年组建的地球系统科学联盟（ESSP），目标是更好地推动全球变化的集成交叉研究，希望能从地球系统角度切入，实现对全球变化问题研究在认识上的突破。但ESSP作为一个缺乏有效约束力的“松散型”科学协调组织，一直存在组织体系不健全、工作人员配备不足、缺乏号召力、研究工作推动乏力等先天不足，影响了预期组织目标的顺利实现。为此，2008年，国际科学理事会（ICSU）对ESSP以及各计划组织了一次全面评估，系统梳理了存在的问题，提出了加强协调处理环境与发展问题的建议，推动了ICSU对全球变化研究组织进行改组。

2012年6月，“里约+20峰会”召开，“未来地球计划”正式成立，全球环境变化研究也由此掀开了全新的一页。“未来地球计划”将全面运用自然和社会科学、工程学和人文科学等不同学科观点和研究方法，综合视角，多维思考，加强来自不同地域的科学家、管理者、资助者、企业、社团和媒体等利益相关方的联合攻关和协同创新，以催生深入认识行星地球动态的科学突破，以及重大环境与发展问题的解决方案。基于过去经验和对未来挑战的重视，“未来地球计划”对其工作重点进行了全新设计和重新定位，原有的全球变化研究计划将停止或部分停止，一些全球性和区域性的研究工作将被移植到新的工作框架中，一系列致力于动态行星地球、环境与发展问题、可持续性转型战略与对策等的新的研究工作依次有序启动。

“未来地球计划”是一项为期十年（2014—2023年）的大型科学计划，发起“未来地球计划”是为了更好地应对全球环境变化给人类社会带来的挑战，为全球可持续发展提供必要的理论知识、研究手段和方法。其强调自然科学与社会科学、人文科学的紧密沟通与合作，核心思想是由各方面的参与者协同设计（Co-design）、协同产出（Co-produce）和协同发布（Co-deliver）相关科研成果和解决方案，增强全球可持续性发展的能力。

“未来地球计划”采用跨学科的研究方法，为环境灾害与变化提供预警，发起新的研究以支持社会向可持续性发展转型。“未来地球计划”的宗旨是创新知识、提出解决方案，以实现未来环境、社会和经济的综合福祉，具体目标为协调并集中国际研究以有效使用人力和财力资源；建立并继续实施解决关键的全球环境变化问题的国际合作项目；使不同领域的研究人员参与；吸引各种利益相关者参与以解决日益严重的全球环境变化问题和可持续发展问题；促进科学、政策和实践相互连接的重大转变，促进服务、通信和能力建设的重大转变；为全球可持续发展研究提供一个牢固的全球平台和区域节点。

其主要回答的几个基本问题为：全球环境如何以及为什么发生变化？未来可能的变化有哪些？这些变化对人类发展和地球生命多样性的影响是什么？为此，“未来地球计划”设置了三个研究主题，包括：动态地球（Dynamic Planet）、全球发展（Global Development）和向可持续发展的转变（Transition to Sustainability）。在这三个研究主题的基础上，“未来地球计划”提出了 8 个关键的交叉领域，涉及地球观测系统、数据共享系统、地球系统模型、发展地球科学理论、综合与评估、能力建设与教育、信息交流、科学与政策的沟通与平台等方面。

在 2014 年 12 月发布的《战略研究议程 2014》（*Strategic Research Agenda* 2014）中指出，目前全球可持续发展面临着来自八大领域的挑战，包括以下几点。

（1）满足全球对水、能源和食物的需求，建立水、能源与食物之间的协同和补偿管理，理解这些相互作用如何受到环境、经济、社会和政治变化的影响。

（2）实现社会经济系统去碳化以稳定气候，促进技术、经济、社会、政治和行为向可持续性转型，同时构建气候变化影响以及人类和生态系统适应响应的知识体系。

（3）保护支撑人类福祉的陆地、淡水和海洋自然资源，了解生物多样性、生态系统功能和服务之间的关系，制订有效的评估和管理方法。

（4）建设健康发展、复原力强、生产力旺盛的城市，探索既改善城市环境和生活，又降低资源消耗的创新性实践，提供可以抵御灾害的高效服务与基础设施。

（5）促进生物多样性、资源和气候变化的协同，加强未来农村的可持续发展，以满足人类日益增长的需求，研究土地使用、粮食系统和生态系统的其他发展途径，识别制度和管理需求。

（6）改善人类健康，阐明环境变化、污染、病原、疾病传播媒介、生态系统服务与人们生活、营养及福祉之间复杂的相互作用，找到应对措施。

（7）鼓励可持续的、公平的消费和生产模式，理解资源消耗的社会和环境影响，识别可不依赖资源的人类福祉增加机会，探索可持续发展之路及相关的人类行为转型。

（8）建立适应性治理系统，提高社会应对未来威胁的恢复力，发展全球及相关阈值和风险早期预警，测试有效、可靠、透明的可持续性转型机制。

《战略研究议程 2014》将动态行星地球、全球可持续发展、可持续性转型三大研究主题细化为 9 个子研究方向，对应全球可持续发展领域面临的八大挑战，确定了未来 3 ～ 5 年全球变化与可持续发展的 62 个具体的研究问题。

“未来地球计划”自成立以来逐步整合原全球环境变化领域的核心研究计划（GEC，包括 DIVERSITAS、IGBP、IHDP、WCRP 和 ESSP），并在更宽泛的领域提出新倡议。“未来地球计划”研究取得成功的关键取决于其所具备的能力，其中跨领域的能力包括观测系统、数据系统、地球模拟系统和理论发展等。2015 年 7 月发布的《气候变化背景下我们共同的未来》成果声明指出：气候变化是 21 世纪面临的一个重大的挑战，其根源在于我们生产和使用能源、种植粮食、管理景观和过度消费的方式。气候变化的后果有可能会影响地球的每一个地区、每一个生态系统，以及人类活动的许多方面，需要我们对共同的未来做出勇敢的承诺以应对气候变化的挑战。

思考题：

1. 哪些关键指标可以反映气候系统的变化？
2. 请谈谈对气候变化科学发展进程的认识。
3. 气候变化模拟的可靠性和未来发展重点是什么？
4. 为什么当代气候变化问题会引起人类高度关注？

第2章 全球气候变化

人类文明的发展迫切需要加深对全球气候系统运行规律及变化趋势的了解。过去是现在和未来的钥匙，认识古气候对于了解气候变化及现代气候的形成作用重大，能为研究现代气候变化提供借鉴，将为预测未来气候提供科学依据。从地质时期开始，全球气候就一直处在不断变化之中，经历着长度为 10^0 ～ 10^8 年不同时间尺度的冷暖和干湿变化，也曾发生过多次巨大变化。近百年来，主要由于人为温室气体排放量的增加导致温室效应加剧，地球气候正经历着以全球变暖为主要特征的显著变化，表现为全球平均地表温度上升、冰冻圈退化萎缩、海洋升温和酸化、海平面上升、极端天气气候事件趋多等方面。

2.1 历史气候变化

2.1.1 古气候变化

古气候（专栏 2-1）信息能够提供自然驱动作用下气候变化的长期趋势和变率，能为更好地认识现代气候变化以及预估未来气候变化奠定基础。随着 20 世纪以来人类活动对气候的影响不断增强，古气候研究所提供的长时间尺度上由自然变化驱动的气候变率[①]信息对准确认识现代气候变化显得更为重要。我们可以通过认识古气

① 气候变率主要指由自然因素引起的变化。一般而言，气候变化包括了自然因素和人类活动因素引起的气候系统变化。但《联合国气候变化框架公约》中定义的气候变化是指仅由人类活动因素引起的气候系统变化。

候的变化特征，与当前的气候变化相比较，以评估它们是否异常。IPCC AR5 全面评估了古气候中温室气体变迁和气候响应、暖期的全球海平面变化、气候模态的变化，以及 20 世纪以来的气候变暖在历史时期的地位等。以下内容主要依据 IPCC AR5 以及一些权威国际机构得到的对古气候变化（特别是与人类文明社会相衔接的全新世以来）的最新认识。

专栏 2-1　古气候

古气候是指现代气候以前的气候，包括地质时期和历史时期气候。地质时期的气候变化，是指地球形成以后有地层记录的漫长时期气候变化，尺度为万年到亿年，主要根据动植物化石及各种遗迹的间接研究考证地球气候经历过的冰期与间冰期交替变化的过程。历史时期气候变化，是指人类文明产生至有仪器观测之前这段时期的气候变化，尺度为百年到千年，主要依据历史文献记录、动植物种群与物候变化、树木年轮分析等手段。历史时期的气候变化同地质时期一样，只是幅度较小而已，但比现代气候变化要大得多。全球气候在不同地区既有同步变化，又有反向变化。

2.1.1.1　温室气体浓度

有一类温室气体如 CO_2、CH_4、N_2O 是大气固有的，工业化前冰芯封存的这些温室气体保持了最天然的状态。在过去 80 万年，据冰芯记录的间冰期 CO_2、CH_4、N_2O 浓度最大值分别为 300 ppm（ppm 表示“百万分之一”）、800 ppb（ppb 表示“十亿分之一”）、300 ppb，最小值约为 180 ppm、350 ppb、200 ppb。2018 年的 CO_2（407.8 ppm）、CH_4（1 869 ppb）、N_2O（331.1 ppb）浓度远远超过了这一水平，分别超过了工业化前水平的 47%、159%、23%；2019 年，这三种温室气体浓度分别达到 410 ppm、1 866 ppb、332 ppb。最高分辨率的冰芯记录显示，过去 2.2 万年以来，温室气体浓度的增速及其辐射强迫是前所未有的。这三种温室气体的准周期变化几乎是同位相的。温室气体不仅在工业化以来的近期气候变化中是主要驱动因子，在历史气候变化中的驱动作用也不容忽视。

大气中 CO_2 浓度在工业化前一直相当稳定，约为 280 ppm。与工业化以来人类

所导致的 CO_2 浓度增加相比，工业化前 1.1 万年以来 CO_2 浓度变化非常缓慢，其变化幅度比工业化以来增加幅度小 5 倍多（图 2-1）。近 7 000 年的工业化以前时期，大气中的 CO_2 浓度在千年尺度上变幅约为 20 ppm，百年尺度上变幅约为 10 ppm。虽然轨道驱动是冰期—间冰期气候变化的主要驱动因子，但大气中 CO_2 浓度变化在冰期—间冰期旋回中也发挥着重要作用。如果大气中的 CO_2 浓度保持在 300 ppm 以上或累积碳排放量超过 1 000 PgC，预计在下一个 5 000 年内不会发生冰期开始。在南半球，末次冰期（距今 2.1 万～ 1.9 万年前）CO_2 浓度在千年尺度上与气候呈跷跷板式变化。

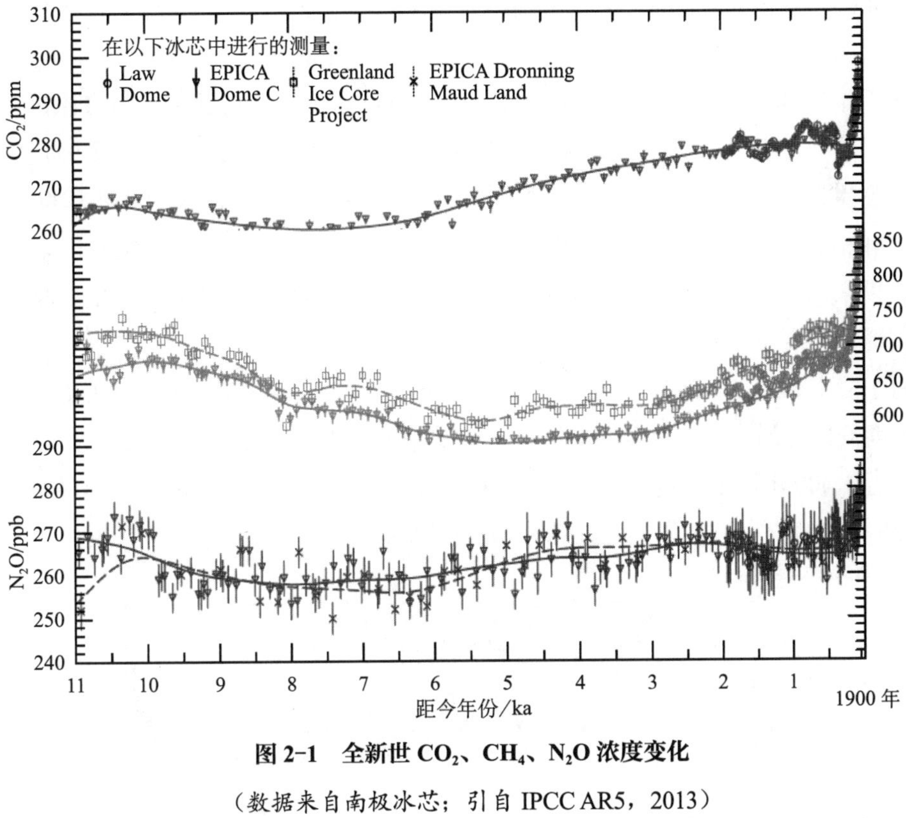

图 2-1　全新世 CO_2、CH_4、N_2O 浓度变化

（数据来自南极冰芯；引自 IPCC AR5，2013）

大气中的 CH_4 浓度在工业化前约为 715 ppb。工业化前 65 万年间，CH_4 浓度在 320 ～ 790 ppb 波动。其中，大气中的 CH_4 浓度从全新世早期到距今约 6 000 年前一直在降低，在距今大约 5 000 年前达到最低，而之后到工业化时代又升高了约 100 ppb。近 7 000 年的工业化以前时期，CH_4 浓度在千年尺度上变幅约为 125 ppb，而在百年尺度上变幅为 40 ppb。历史资料显示，在末次冰期，北半球的 CH_4 浓度在百年尺度上与快速的气候变化相同步。

大气中的 N_2O 浓度在工业化前约为 270 ppb。在近 7 000 年的工业化以前时期，N_2O 浓度在百年尺度上的变幅约为 10 ppb。

2.1.1.2 温度

科学家们发现，地球的气候在被称为间冰期的暖期和更为寒冷的时代之间摇摆。间冰期气温比现代高，末次间冰期（距今 12.9 万～ 11.6 万年前）全球平均地表温度估计比工业化前高出 1 ～ 2℃。末次冰期中发生了 25 次 DO（Dansgaard-Oeschger，即突变事件）。在一些 DO 事件中，格陵兰岛的温度在几十年内升高了 16±2.5℃。末次冰盛期（距今 2.1 万～ 1.9 万年前），全球变冷，全球平均地表温度比工业化前低 3 ～ 8℃。在末次冰消期，全球平均地表温度上升了 3 ～ 8℃，千年尺度上的增速为 0.3 ～ 0.8℃。期间分为两个阶段，即距今 1.75 万～ 1.45 万年和 1.3 万～ 1.0 万年前，温度在千年尺度上最大变率为 1 ～ 1.5℃。近 2 000 年来，当前的全球温度比过去至少 500 年的记录要高，甚至有可能超过过去 1 000 年的温度（图 2-2）。大陆尺度的地表温度重建显示，中世纪气候异常期（950—1250 年）一些地区的温暖程度与 20 世纪中叶相当，也有部分区域与 20 世纪末期相当。这些区域性的暖期并不像 20 世纪中期以来的气候变暖那样同步。在过去几个以大气 CO_2 高浓度为特征的时期，全球平均地表温度明显高于工业化前水平。

对于北半球而言，自 20 世纪以来的北半球平均地表增温扭转了过去 5 000 年中高纬度长期变冷的趋势。在北半球，1983—2012 年很可能是过去 800 年来最暖的 30 年，可能是近 1 400 年以来最暖的 30 年；1983—2012（1963—2012）年的平均温度很可能比 1200—1899 年任何 30 年（或 50 年）平均温度都要高。

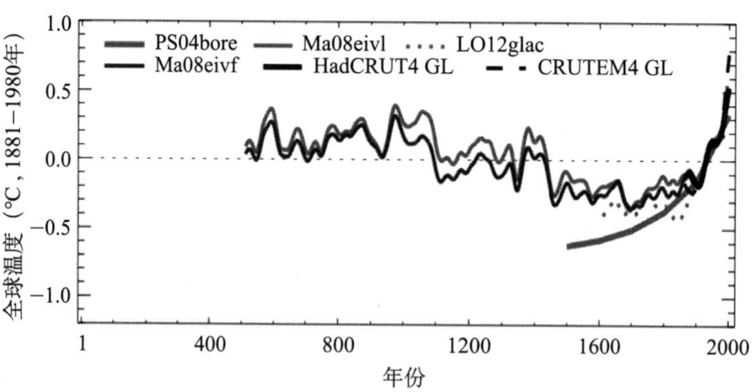

图 2-2 重建的近 2 000 年全球温度距平

（引自 IPCC AR5，2013）

2.1.1.3　干旱与洪水

在过去千年尺度上发生的干旱，无论其强度还是持续时间都大于 20 世纪初许多区域的观测结果。与中世纪气候异常期（950—1250 年）相比，在小冰期（1450—1850 年）亚洲季风区发生了更多的特大干旱，而干旱的中亚和南美季风区普遍存在更湿润的气候条件。在过去的千年里，北美西部显现出比当前更严重、持续时间更长的干旱特征，特别是在中世纪气候异常期的美国西南部和中部。年代际或多年代际干旱是北美全新世水文气候的一个显著特征。

与 1900 年以后所发生的洪水相比，在过去的 5 个世纪内，北欧、中欧、西地中海地区和东亚发生过更强的洪水。在近东、印度和北美洲中部，现代大洪水的规模和（或）频率与历史洪水相当或超过历史洪水。

2.1.1.4　海冰与冰川

历史时期海冰覆盖范围随温度变化呈阶段性波动变化。与 20 世纪末相比，距今 8 000 ～ 6 500 年前，北冰洋和东格陵兰岛的夏季海冰覆盖范围都有所下降。过去 6 000 年，在轨道强迫作用下，北极海冰覆盖范围呈现扩大的长期趋势，但常被百年到千年尺度的强烈变化所打断。印度洋海冰在全新世呈增加趋势，在距今 5 000 ～ 4 000 年突然剧增，与区域温度相一致。在过去至少 1 450 年里，夏季海冰的消退是前所未有的，北极的海面温度异常高。与北极温度变化相一致，距今 1 200 ～ 800 年海冰覆盖范围缩小，随后在小冰期又有所增加。代用资料及历史数据集显示，19 世纪末海冰开始减少，20 世纪呈现冰量损失趋势。

在过去的几百万年中，格陵兰和南极西部冰盖的体积缩小，全球温度比现在高。模型模拟和地质数据表明，南极西部冰盖对南大洋次表层暖化非常敏感，如果大气中的 CO_2 浓度在 350 ～ 450 ppm 以内或以上持续数千年、全球海平面高于现在时，则意味着南极西部冰盖将不存在。

距今 8 000 ～ 6 000 年前，由于轨道强迫的影响，北半球温带冰川面积处于最低水平。当前的冰川退缩发生在有利于北半球冰川生长的轨道强迫环境之中，如果冰川继续以当前的速度减少，大多数北半球温带冰川将在 21 世纪内缩小到距今 8 000 ～ 6 000 年前就已经存在的最低水平。与当前观测到的全球冰川一致性退缩相比，中世纪气候异常期的冰川响应显得更加不均匀和复杂，南极半岛西部和格陵兰岛南部的冰川比 21 世纪初要小，阿尔卑斯山等一些其他的冰川有时比 20 世纪末要小。

2.1.1.5　海平面

在上新世中期（距今 330 万～ 300 万年前）的一些暖期，由于格陵兰冰盖、北极西部冰盖和南极东部冰盖的消退，全球海平面可能比现在高出 20 m。当时，大气

中的 CO_2 浓度为 350 ～ 450 ppm，全球平均地表温度比工业化前高出 2 ～ 3℃。在末次间冰期（距今 12.9 万～ 11.6 万年前），全球最高平均海平面比现在至少高 5 m，但不超过 10 m，格陵兰和南极冰盖都有一定的贡献。格陵兰冰盖的贡献很可能在 1.4 ～ 4.3 m；期间，海平面有两个峰值，海平面的变化幅度高达 4 m，千年尺度上升速率超过了 2 m/ka。在 19 世纪末至 20 世纪初，全球海平面从过去 2 000 年相对较低的平均上升速率向更高的上升速率转变（图 2-3），其速率之高在世纪尺度（不超过25 cm）的变化上是异常的。20世纪初以来，全球海平面上升速率不断加快（整个 20 世纪为 1.7±0.2 mm/a，自 1993 年以来为 2.8 ～ 3.6 mm/a）。

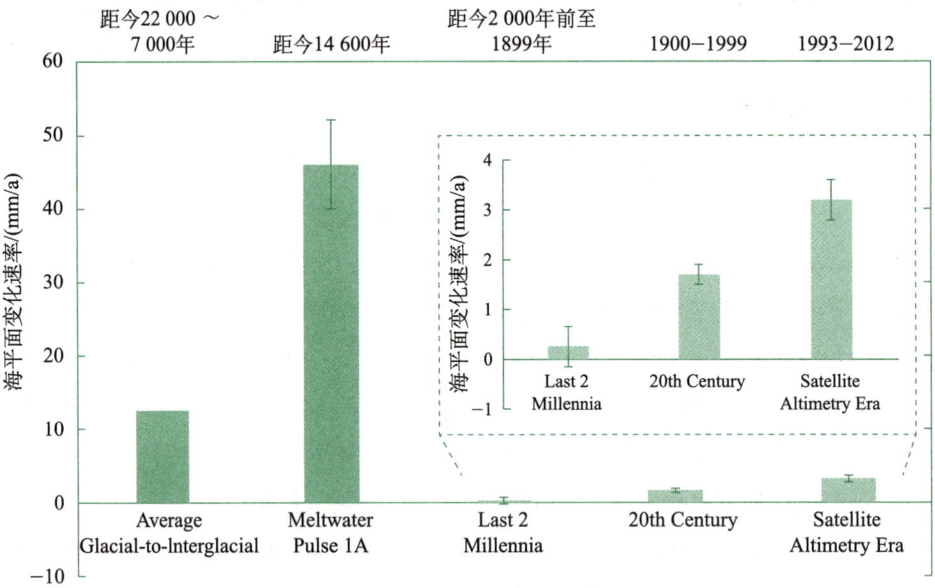

图 2-3　不同时期全球平均海平面变化速率

（引自 IPCC AR5，2013）

2.1.2　全新世气候变化

全新世是与人类文明社会相衔接的最新地质时段，当前人类文明社会的一切繁荣、富强、发展、进步都发生在全新世。有资料认为，现在正处于间冰期，与末次冰期冰盛期相比，气温上升。这个暖期已经持续了万年以上，这就是我们所处的全新世。IPCC AR5 中将 1.165 万年前作为全新世的开始（也有文献认为开始于 1.15 万年前）。在全新世温暖气候的背景下，发生了 8 ～ 9 次冷事件，持续 1 ～ 200 年，发生及结束一般均在几十年内完成，有时在不到 10 年内完成，因此称为快速气候变化，也有人称为气候突变。不过，这些冷事件温度振幅相对较小，即使全新世中较强的8.2千年冷事件，温度振幅一般也只有新仙女木事件的1/3。全新世气候突变在北大西洋表现得十分清楚。全新世气候的另一个特点是早期气候湿润，中期以后较为干旱。

2.1.2.1 温度

在千年尺度上，全新世的气候变化可以分成早期的增暖、中期的暖期稳定和晚期的变冷三个阶段。

全新世早期，温度迅速增暖。全球的气候与现代相近，许多地区的温度同现代相当。早期的升温过程不是持续性的，存在若干次升温停滞甚至降温事件。早全新世冷事件，一般指全新世中8.2千年及其以前的气候振荡。早全新世共记录到10次北大西洋淡水爆发，大部分与冷事件对应。如8.1、9.4、10.3、11.1千年事件，对欧洲特别是北欧有明显的气候影响。由于大量淡水涌入北大西洋（估计进入的额外淡水量为$1.6\times10^{14}\sim8\times10^{14}\ m^3$），大西洋经向翻转环流减弱，造成深层水流速度减缓。8.2千年事件可能是全新世以来最强的一次冷事件，气候特征为冷干，北半球大部分地区受其影响。

全新世中期，是比现代更为温暖且相对稳定的暖期。这个温暖期的鼎盛时期可能出现在距今6 000年前。当时中、高纬度地区陆地上的温度比现代高2℃以上。全新世中期并不是一个持续的温暖期，也存在数次短期的变冷事件。如5.5千年和4.2千年事件。5.5千年事件特点仍是气候变冷、变干，同时反映了全新世气候由暖湿向冷干的转变。其影响并不仅限于人类活动发展的欧洲，从北大西洋到南美洲、北美洲，向东到亚洲、非洲，甚至南半球均可发现其影响的证据。4.2千年事件，特点是中纬度以南到热带北美洲、北非、地中海到中亚及东亚干旱。

晚全新世，主要有2.8千年冷事件、黑暗时代冷事件以及中世纪暖期和小冰期。具体如下。

①2.8千年冷事件，气候影响的时间大多集中在距今2 800～2 600年前，太阳辐照度的下降可能是其形成的一个主因。

②黑暗时代冷事件，欧洲从公元476年西罗马帝国灭亡到10世纪，“新国叠建、战争相寻，人民生活困难，文化低落”，故被历史学家称为黑暗时代。Lamb（1997）最早指出，黑暗时代气候寒冷。

③中世纪暖期，在IPCC AR5中被称为“中世纪气候异常期”，时间是950—1250年，它是否具有全球性，存在广泛的争议。

④小冰期，是指发生在过去几个世纪里的冰川重新前进，是全新世离我们最近的一次气候突变。Lamb（1997）最早指出小冰期在1550—1850年，在IPCC AR5中

为 1450—1850 年。中国是世界上小冰期和中世纪暖期均比较明显的地区。

2.1.2.2 降水

与温度变化相适应，全新世时期全球的大气环流格局与降水的地区分布也发生着重大的转折。受米兰科维奇理论中岁差的影响，地球在北半球的夏季比现在更接近太阳，所接收的太阳辐射较现代多，因此地球变得更加温暖。大陆，特别是南亚大陆受热而导致低压发展，使印度次大陆、西亚和北非的季风强度远强于现代，降水也显著增加。不过，那些亚热带水汽未能达到的地区，气候则比现代更为干旱。

2.1.2.3 冰川

在全新世期间，许多山地冰川融化殆尽，一些残存下来的山地冰川随气候变化而发生显著的进退。南、北半球的山地冰川在距今 10 000 ～ 8 500 年前无明显变化趋势；而在距今 8 500 ～ 4 000 年前总体以冰退为主，与全新世温暖期相对应；距今 4 000 年以后冰川以前进为主，进退波动频繁，总体与全新世晚期变冷相对应。

2.1.2.4 海洋

① 海温。全新世热带海温变化趋势具有区域不均匀性和变化性。从全新世早期至今，热带太平洋东部、热带大西洋西部和印度尼西亚群岛表现出 0.5 ～ 2℃的升温趋势。随着南方夏季持续时间的减少，高纬度的南大洋海温呈现降低的趋势。

② 海平面。冰盖退缩导致水动型海平面上升，从距今 10 000 年前后的 -40 m 左右到距今 6 000 ～ 5 000 年前上升至现代水平甚至更高，平均百年上升速率在 1 m 以上。自距今 8 000 ～ 7 000 年以来，随着欧洲和北美大陆冰盖以及许多山地冰川融化殆尽，海面变化幅度较全新世早期明显减小。但在距今 6 000 ～ 5 000 年以来是否存在高于现今海面的高海面问题上，科学家意见并不一致。

③ 海洋的其他状况。在大陆冰盖出现融化的同时，海洋状况也发生了重大变化，对北半球气候状态显著转变产生了重要影响。距今 10 000 年前后，北大西洋极地水团南界重新退缩到与现代相近的位置上，导致永久性海冰在北大西洋消失、墨西哥湾流系统重建。在日本海，从大约距今 8 000 年前开始发现喜暖的有孔虫，显示黑潮暖流完全进入日本海，大陆性气候转变为海洋性气候，并导致降雪增多。

2.2 近代气候变化

气候变暖是整个气候系统的变化，包括大气圈、水圈、冰冻圈、陆面及生物圈的变化。全面了解气候系统的变暖不仅可以认识变暖的范围、程度及其影响，也有助于进一步认识气候变暖的成因。

近百年来，全球变暖已是不争的事实，气候系统变暖是毋庸置疑的。近年来，美国国家海洋和大气管理局（NOAA）汇总了全球多家研究机构的资料和研究成果，从不同的方面进行了证实，这些观测记录涵盖了陆地、海洋和大气多达 44 种要素和指标。所有证据均表明，除了全球地表平均温度，整个地球系统也表现出与全球变暖一致性的响应。大气和海洋已经升温，雪量和冰量出现下降，海平面已出现上升。自 20 世纪 50 年代以来，许多观测到的气候系统变化在以前的几十年至几千年期间是前所未有的。然而，近百年来全球地表平均温度的变化并不是直线式上升，而是在上升的总趋势上叠加有短周期和长周期的脉动。这主要是因为影响地球的因子极其复杂，有自然的，也有人为的，这些因素共同造成了气候变化呈现着多种时间尺度波动的图像。以下主要为根据 IPCC AR5、AR6、《全球 1.5℃增暖特别报告》，WMO《2019 年全球气候状况声明》《2020 年全球气候状况声明》以及一些权威国际机构得到的对气候系统变化的最新认识。

2.2.1 大气圈变化

2.2.1.1 温室气体浓度

自从工业化前时代起，人为温室气体排放已经使大气中的 CO_2、CH_4 和 N_2O 浓度呈大幅增加，2012 年分别为 393.1 ppm、1819 ppb 和 325.1 ppb，比工业化前高出 41%、160% 和 20%，达到至少过去 80 万年以来前所未有的高水平。到了 2017 年，温室气体浓度创下新高，CO_2、CH_4 和 N_2O 的浓度分别为 405.5±0.1 ppm、1 859±2 ppb 和 329.9±0.1 ppb，分别为工业化前水平的 146%、257% 和 122%；2018 年分别上升到 407.8 ppm、1 869 ppb、331.1 ppb，分别是工业化前水平的 147%、259%、123%；2019 年，CO_2、CH_4 和 N_2O 的浓度分别达到 410 ppm、1 866 ppb 和 332 ppb。2015—2019 年，大气中的 CO_2 和其他主要温室气体含量持续增加，刷新了历史记录。其中，CO_2 的增长率比 2010—2014 年高了近 20%。

尽管气候变化减缓政策不断推出，但 21 世纪以来人为温室气体排放总量持续上升。1750—2011 年，人为排放到大气中的累积 CO_2 为 2 040±310 $GtCO_2$。其中，约 40%（880±35 $GtCO_2$）留存在大气中，剩余的从大气中移除，储存在陆地（植物和土壤）和海洋中。在此期间，约一半的人为 CO_2 排放是在最后 40 年间产生的（图 2-4）。2019 年，大气中 CO_2 的增长率可能为 19.1±3.3 $GtCO_2$，高于 2009—2018 年的平均水平。1850—2019 年，可能共排放了 2 390±240 $GtCO_2$ 的人为 CO_2。

1970—2010 年，化石燃料燃烧和工业过程的 CO_2 排放量占温室气体总排放增量

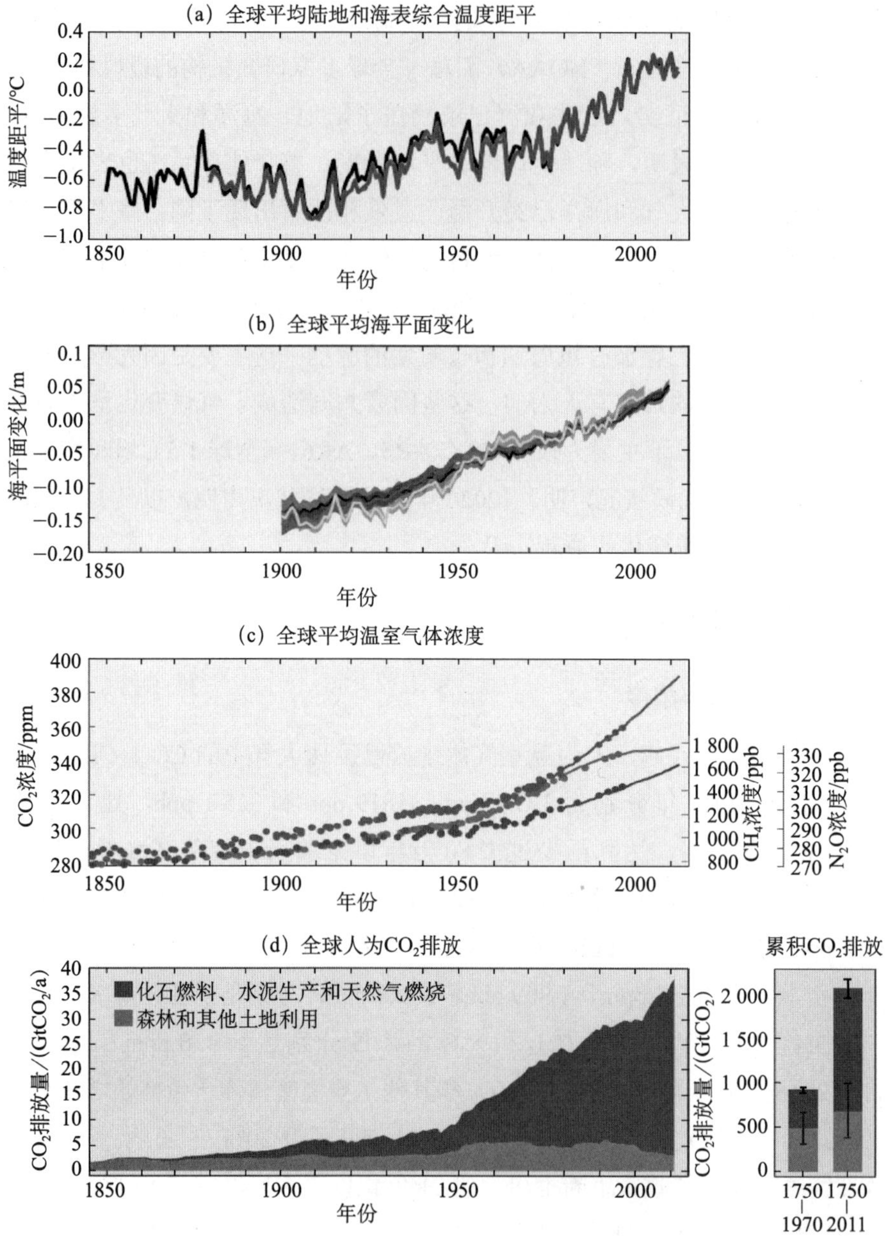

图 2-4　大气圈变化

(a) 相对于1986—2005年平均值的年平均全球陆地和海洋平均表面温度距平（不同颜色表示不同的资料集）。(b) 在持续时间最长的数据集中，相对于1986—2005年平均值的年平均全球平均海平面变化（不同颜色表示不同的资料集）。(c) 根据冰芯资料（点）和直接大气测量（线）确定的大气二氧化碳、甲烷和氧化亚氮等温室气体的浓度。(d) 森林和其他土地利用、化石燃料、水泥生产和天然气燃烧造成的全球人为 CO_2 排放。（引自 IPCC AR5，2014）

的约 78%。从全球来看，经济发展和人口增长仍然是推动因化石燃料燃烧造成 CO_2 排放增加的两个最重要因素。2000—2010 年人口增长的贡献率仍然保持与之前 30 年大致相同的水平，但经济发展的贡献率急剧上升。

2.2.1.2　温度

（1）全球平均地表温度

自 19 世纪以来，全球平均地表温度已经升高是毋庸置疑的。这种全球变暖是非线性的。大多数变暖发生在两个阶段：1900—1940 年和 1970 年前后开始，并展现出明显的空间特征。其中，1970 年以来的 50 年是过去 2 000 年以来最暖的 50 年。20 世纪早期的变暖大部分发生在北半球中、高纬度地区，而近期的变暖更多是全球性的。在有足够完整的资料以计算区域趋势的长时期内（1901 年以来），全球几乎所有地区都经历了地表增暖。总体来说，陆地增温大于海洋，高纬度地区大于中、低纬度地区，冬半年大于夏半年。

除了存在确凿的多年代际变暖外，全球平均地表温度还表现出明显的年代际和年际变化。据 WMO 发布的《2020 年全球气候状况声明》，全球变暖趋势在持续。2020 年，全球平均温度较工业化前（1850—1900 年平均值）水平高出约 1.2℃，位列 2016 年之后，是有完整气象观测记录以来最暖的 3 个年份之一。过去 5 年（2015—2019 年），是有完整气象观测记录以来最暖的 5 个年份，较 2010—2014 年全球平均温度上升了 0.2℃。2020 年，全球平均温度进一步上升。自 20 世纪 80 年代以来，每个连续 10 年比 1850 年以来的前一个 10 年更暖（图 2-5）。有现代气象观测记录以来的 20 个最暖年份均出现在过去的 22 年中。长序列观测资料分析也表明，全球变暖趋势持续且变暖速率在增加。线性趋势计算结果表明，1880—2012 年，全球平均地表温度上升了 0.85［0.65 ~ 1.06］℃（图 2-4）。其中，1986—2005 年平均增暖 0.61［0.55 ~ 0.67］℃。2006—2015 年观测的全球平均地表温度比 1850—1900 年的平均值高 0.87［0.75 ~ 0.99］℃，比 2011—2020 年高 1.09［0.95 ~ 1.20］℃。由于自然变率，选取不同的起止期对短期记录趋势的计算是非常敏感的，而且一般不能反映长期气候趋势。例如，始于强厄尔尼诺事件的 1998—2012 年升温速率为 0.05［-0.05 ~ 0.15］℃ /10a，小于 1951—2012 年的升温速率 0.12［0.08 ~ 0.14］℃ /10a。

自 20 世纪以来的年平均地表温度升高，扭转了北半球中高纬度地区过去 5 000 年来的长期降温趋势。据 IPCC AR6 报告，自 1970 年以来的 50 年是过去 2 000 年以来最暖的 50 年。2011—2020 年，全球地表温度比工业革命时期上升了 1.09℃。其中，约 1.07℃的增温是人类活动造成的。

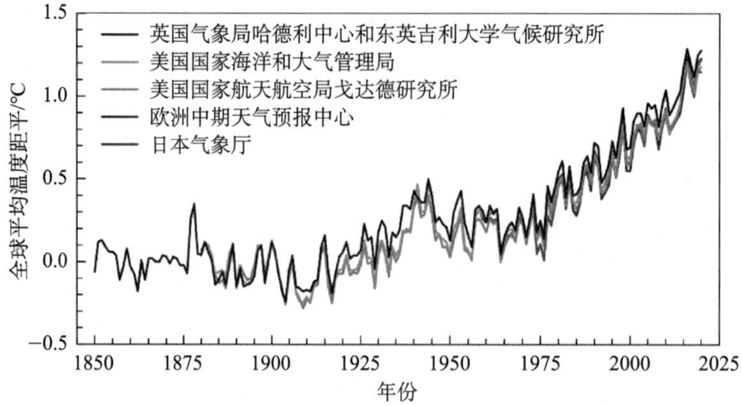

图 2-5　1850—2020 年全球平均温度距平（相对于 1850—1900 年平均值）

（根据世界气象组织《2020 年全球气候状况声明》改绘）

（2）陆地表面气温变化

自 19 世纪末以来，全球平均地表温度一直在上升。其中，1880—2012 年升温速率为 0.086 ～ 0.095 ℃ /10a；并且自 20 世纪 70 年代以来这种变暖非常显著，1979—2012 年增暖速率达到 0.254 ～ 0.273 ℃ /10a。区域性平均地表气温变化趋势往往同全球一样，但许多陆地地区和季节升温都大于全球年平均值，在北极要高出 2 ～ 3 倍。最高温和最低温自 1950 年以来均已升高，温度日较差的变化比平均温度的变化要小很多。

（3）高空温度变化

自 20 世纪中叶以来，全球范围内对流层已变暖，这种变化与地表温度的变化高度相关。最近 30 年的气球高空探测和卫星观测也显示，地球表面上空 8 ～ 12 km（即地球大气对流层）的大气呈现出与地面大气相一致的增温变化。尽管温度变化趋势表现出一致性，但变化速率在不同区域却表现出较大的不一致性，特别是在北半球赤道以外地区的对流层。平流层低层温度已降低，但伴随着火山活动也存在短期增暖现象，随着高度升高的不确定性更大。

2.2.1.3　**降水**

与温度相比，降水量在时空上的变化更大。20 世纪上半叶，全球陆地年平均降水量总体有小幅增加。除东亚外，北半球中高纬度（60° ～ 90° N）陆地年降水量持续增加，每 10 年增加 0.5% ～ 1%；北半球副热带和热带地区（0° ～ 60° N）降水减少。其中，副热带地区每 10 年约减少 0.3%，热带陆地每 10 年增加 0.2% ～ 0.3%。南半球热带和副热带（0° ～ 30° S）季风区降水减少，南半球 30° ～ 60° S 纬度带降水表现出明显增加的趋势。

2.2.2　海洋变化

海洋因为具有广袤的面积和巨大水体，在气候系统中扮演着重要角色。WMO、IPCC 对海洋的认识进一步加深，主要涉及温度、海平面、热含量、酸化等方面。

2.2.2.1　温度

1870—2020 年，全球平均海表温度表现为显著升高趋势，并伴随年代际波动。其中，1901—2012 年升高趋势为 0.052 ～ 0.071℃ /10a，2000 年之后全球平均海表温度持续偏高。2011—2020 年是现代海洋观测以来海洋最暖的 10 个年份。2020 年，全球平均海表温度较常年值偏高 0.26℃，为 1870 年以来的第四高值，仅低于 2016 年、2015 年和 2019 年。2020 年，全球大部分海域海表温度较常年值偏高。北冰洋大部分海温偏高 0.5℃以上，局部海域海温偏高超过 1.0℃；赤道太平洋西部、北太平洋中北部、西南太平洋部分、热带印度洋中部、北大西洋中部、南大西洋东部等海域海温偏高 0.5℃以上，局部海域海温偏高超过 1.0℃。而赤道东太平洋和南印度洋中部部分海域海温较常年值偏低，局部偏低达 0.5℃以上。AR4 以后，技术上的革新更利于认识并更坚定全球平均海洋表面温度升高的结论。

几个关键海区海表温度变化情况如下。

（1）1951—2020 年，赤道中东太平洋海表温度有明显的年际变化特征，共发生了 21 次厄尔尼诺和 15 次拉尼娜事件（专栏 2-2）；Niňo3.4 海区海表温度有明显的年际变化特征，2019 年海表温度距平值为 0.53℃，较 2018 年上升了 0.47℃；2020 年距平值为 -0.22℃，较 2019 年下降了 0.75℃。

（2）1947—1976 年，太平洋年代际振荡（PDO）（专栏 2-2），处于冷位相期；1925—1946 年和 1977—1998 年为暖位相期；20 世纪 90 年代末，PDO 再次转为冷位相期。2014—2019 年，PDO 指数由前期的负指数转为显著的正指数。2019 年，PDO 指数为 0.65；2020 年，PDO 指数为 -0.26。

（3）1951—2020 年，热带印度洋海表温度呈现显著上升趋势，升温速率为 0.12℃ /10a。20 世纪 50—70 年代，热带印度洋海表温度较常年值持续偏低，80—90 年代，海温由偏低逐渐转为偏高，2000 年之后以偏高为主。2020 年，热带印度洋海表温度距平值为 0.41℃，为 1951 年以来第三高值，仅次于 2015 年和 2016 年。2019 年秋季，热带印度洋偶极子（TIOD）（专栏 2-2）指数为 1.02℃，为 1950 年以来历史同期第二高值，仅次于 1997 年同期；2020 年秋季，TIOD 指数为 0.09℃。

（4）1951—2019 年，北大西洋海表温度表现出明显的年代际变化特征：20 世纪 50—60 年代海表温度偏高，70—90 年代中期以偏低为主，90 年代后期以来持续偏高。2019 年，北大西洋平均海表温度距平值为 0.15℃，2020 年为 0.22℃。

海洋增暖随不同深度而异。在全球尺度上，海洋增暖在表层最为明显，1971—2010 年，在海洋上层 75 m 以上深度的海水温度升幅为 0.11［0.09 ～ 0.13］℃ /10a。海洋的增暖随着深度的增加而减小，可以延伸至海下 2 000 m。1957—2009 年，海洋在 700 ～ 2 000 m 深可能已经变暖。1992—2005 年，在 2 000 ～ 3 000 m 深没有观测到明显的温度变化趋势，从 3 000 m 至洋底海洋可能已经变暖。在南大洋观测到的海水温度升幅最大，其变暖已达到最深层。

专栏 2-2　海温变化现象

厄尔尼诺是指赤道太平洋中东部海面温度持续异常增温的现象。拉尼娜是指赤道太平洋中东部海面温度持续异常变冷的现象，也称反厄尔尼诺现象。太平洋年代际振荡（PDO）是一种年代际时间尺度上的气候变化强信号，具有多重时间尺度，主要表现为准 20 年周期和准 50 年周期。热带印度洋偶极子（TIOD）是热带西印度洋与东南印度洋海表温度的跷跷板式反向变化，通常用前者减去后者定义为 TIOD。该指数通常在夏季开始发展，秋季达到峰值，冬季快速衰减。

2.2.2.2　海平面

海平面变化是全球气候变化的重要指标之一。基于代理记录和仪器数据分析表明，在过去的两个世纪，全球平均海平面上升的速度加快了。在近两千年中存在百年尺度变化的背景下，近一百年内全球平均海平面上升的速度异常高；1901—2018 年，全球平均海平面上升了 0.20 m，上升速度比过去 3 000 年中任何一个世纪都快。在气候变暖的背景下，全球平均海平面呈加速上升趋势，上升速率从 1901—1990 年的 1.4 mm/a 增加到 1993—2019 年的 3.2 mm/a（图 2-6）。其中，2007—2016 年上升速率为 4 mm/a，2015—2019 年则高达 5 mm/a。到 2020 年，全球平均海平面继续上升，达到有卫星观测记录以来最高值。海平面上升并不是区域统一的。南半球最强烈的区域趋势是在印度洋马达加斯加以东、太平洋新西兰以东、南大西洋拉普拉塔 / 南美洲以东。在北半球，北太平洋也可以看到一个向东延伸的格局。

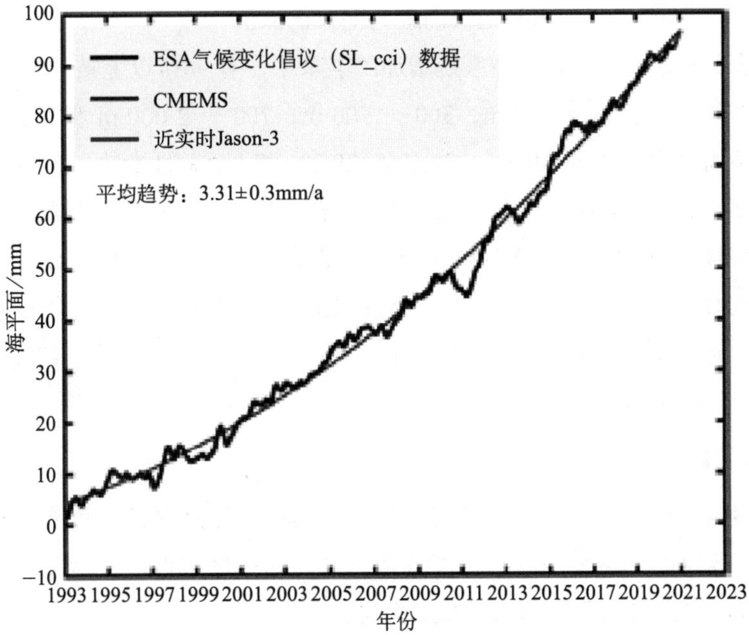

图 2-6　1993—2020 年全球海平面的演变

（引自世界气象组织《2020 年全球气候状况声明》）

引起全球海平面变化的因素主要有两个方面。一是比容海平面变化。这主要是由于海水温度和盐度变化引起海水体积变化导致的；二是质量项海平面变化。这主要是由于海洋与大气、陆地之间进行各种质量交换（如冰川融化、降雨、径流和蒸发等）引起的。自 20 世纪 70 年代初以来，观测到的全球平均海平面上升的 75% 可以由冰川冰量损失和因变暖导致的海洋热膨胀来解释。1993—2010 年，全球平均海平面上升与观测到的海洋热膨胀 1.1［0.8 ～ 1.4］mm/a、冰川 0.76［0.39 ～ 1.13］mm/a、格陵兰冰盖 0.33［0.25 ～ 0.41］mm/a、南极冰盖 0.27［0.16 ～ 0.38］mm/a 以及陆地水储量变化 0.38［0.26 ～ 0.49］mm/a 的总贡献 2.8［2.3 ～ 3.4］mm/a 一致。随着时间的推移，山地冰川和冰盖消融现已超过海水热膨胀成为海平面上升的主导因素。

2.2.2.3　热含量

海洋数据分析显示，1958—2020 年全球海洋热含量（上层 2 000 m）呈显著增加趋势，增加速率为 5.8×10^{22}J/10a。海洋变暖在 20 世纪 90 年代后显著加速，1990—2020 年全球海洋热含量增加速率为 9.6×10^{22}J/10a，是 1958—1989 年增暖速率的 5.6 倍。2019 年，全球海洋热含量创新高，较常年值偏高 22.8×10^{22}J，比 2018 年高出 2.5×10^{22}J，2020 年则又比 2019 年高出 2.0×10^{22}J，成为有现代海洋观测记录以来的最高值。2020 年，全球大部分海域热含量较常年值偏高。其中，南大洋（30°S 以南）和大西洋（30° S—40° N）是偏高最为明显的海区。

在全球变暖导致的地球热能系统增加的能量中，有 90% 以上被存储在了海洋中。1960—2020 年，海洋 0 ～ 300 m、300 ～ 700 m、700 ～ 2 000 m 和 2 000 m 以下的海洋分别存储了全球海洋 40.3%、21.6%、29.2% 和 8.9% 的热量。2018 年，海洋上层 700 m 吸收的热量创造了历史新高，2017 年和 2015 年分别位列第二位和第三位。2019 年，海洋上层 700 m 和 2 000 m 的热含量继续上升，达到创纪录或接近纪录水平，超过 2018 年创下的纪录。在本十年的最后一个季度，与 1960 年以来的历史吸热量相比，全球海洋热量吸收在上层（0 ～ 700 m）有所增加，热量被隔离在较深的海洋层（0 ～ 2 000 m）。

2.2.2.4 盐度

自 20 世纪 50 年代起，以蒸发占主导地位的高盐度地区的盐度变得更高，而以降水占主导地位的低盐度地区的盐度变得更低。这些区域性海洋盐度的变化趋势间接表明，海洋表面的蒸发和降水已发生变化。

2.2.2.5 酸化

海洋吸收了 90% 以上温室气体捕获的能量，过去 10 年，海洋吸收了大约 30% 的人为 CO_2 排放量，这使其温度变得更高且酸度增加。自工业化以来的海洋表面 pH 下降了 0.1 个单位，对应的酸度增加了 26%。在过去的二三十年，平均 pH 明显下降，自 20 世纪 80 年代末以来，全球表层海洋平均 pH 每 10 年下降 0.017 ～ 0.027 个单位。

2.2.3 冰冻圈变化

冰冻圈是指地球表层具有一定厚度的负温圈层，其内部水体一般处于冻结状态。作为独立圈层，冰冻圈是地球气候系统五大圈层之一，储存了地球 75% 的淡水资源，对全球变化反应敏感。冰冻圈主要分布于地球两极及高山地区，组成要素包括冰川（含南极冰盖和格陵兰冰盖及冰帽）、冻土（多年冻土和季节冻土）、积雪、河冰、湖冰、冰架、冰山、海冰和海底多年冻土，以及大气圈对流层和平流层内的冻结水。对冰冻圈关键变量的观测和长期变化的研究是当代气候变化科学的热点之一。

2.2.3.1 冰川

（1）数量和分布

IPCC AR5 在 Randolf 冰川编目的基础上，对全球 19 个分区的冰川变化进行了统计，全球有冰川（含冰帽）168 331 条，冰川总面积 726 258 km^2，储量 113 915 ～ 191 879 Gt，对海平面上升潜在贡献量为 412 mm。全球山地冰川的数量和分布见表 2-1。自 1971 年以来，全球冰川普遍出现退缩，平均每年约减少 2 260 亿 t

的冰体。

表 2-1 全球山地冰川的数量分布

序号	地区名称	冰川条数 / 条	冰川面积 / km^2	最小冰储量 / Gt	最大冰储量 / Gt	海平面当量 / mm
1	阿拉斯加	32 112	89 267	16 168	28 021	54.7
2	加拿大西部与美国	15 073	14 503.5	906	1 148	2.8
3	加拿大北极地区北部	3 318	103 990.2	22 366	37 555	84.2
4	加拿大北极地区南部	7 342	40 600.7	5 510	8 845	19.4
5	格陵兰	13 880	87 125.9	10 005	17 146	38.9
6	冰岛	290	10 988.6	2 390	4 640	9.8
7	斯瓦尔巴德	1 615	33 672.9	4 821	8 700	19.1
8	斯堪的纳维亚	1 799	2 833.7	182	290	0.6
9	俄罗斯北部	331	51 160.5	11 016	21 315	41.2
10	亚洲北部	4 403	3 425.6	109	247	0.5
11	欧洲中部	3 920	2 058.1	109	125	0.3
12	喀斯喀特	1 339	1 125.6	61	72	0.2
13	亚洲中部	30 200	64 497	4 531	8 591	16.7
14	南亚西部	22 822	33 862	2 900	3 444	9.1
15	南亚东部	14 006	21 803.2	1 196	1 623	3.9
16	低纬地区	2 601	2 554.7	109	218	0.5
17	安第斯山南部	15 994	29 361.2	4 241	6 018	13.5
18	新西兰	3 012	1 160.5	71	109	0.2
19	南极及亚南极地区	3 274	132 267.4	27 224	43 772	96.3
总计		168 331	726 258.3	113 915	191 879	411.9

（2）长度和面积

过去 20 年以来，全球范围内的冰川长度和面积几乎都在继续退缩，部分冰川已消失。冰川长度变化反映出长期低频气候变化的影响。通过分析全球不同地区 500 条长系列冰川长度变化发现，冰川以退缩为主导趋势。有些大型山谷冰川，在过去的 120 年间分别累计退缩了数公里。中纬地区的冰川，退缩速率为 2 ～ 20 m/a。由各地区不同规模冰川长度变化特征可以看出，大（或冰面较平坦）冰川表现出持续的退缩现象，中等规模（冰面较陡）的冰川表现出年代际的阶段性变化，而小冰川的长度变化则表现出叠加在总体退缩背景下的高频波动、退缩中断，或稳定或前进，出现在 20 世纪 20 年代、70 年代及 90 年代。全球少量冰川监测可追溯到 17 世纪或更早。综合全球 169 条冰川的长度记录可以看出，1700—2000 年，全球不同地区的冰川经历了大致相同的变化过程：在 1800 年前后开始退缩，1850 年以来处于持续的快速退缩状态，1970—1990 年退缩有所减缓，1990 年之后退缩又开始加剧。

全球有面积变化监测的冰川数量较少，且有监测数据的起始时间也晚于冰川的进退变化监测。综合已发表的冰川面积变化数据，分析了全球 19 个地区冰川面积的变化，表现出这几个特点：20 世纪 40 年代以来，绝大部分地区的冰川都表现出面积缩小的变化，变化率落在大致类似的区间，但每个地区内部冰川面积变化率存在较大的差异性；冰川面积缩小比例较大的区域为加拿大西部（2 区）、欧洲中部（11 区）及低纬度地区（16 区）；所有地区的冰川近期都表现出面积缩小比例增加的趋势。

世界各地的许多山脉，在过去的几十年间，由于大气温度上升冰川正在消失。如在加拿大北极地区及落基山脉、安第斯山脉、巴塔哥尼亚地区、欧洲阿尔卑斯山、天山山脉、南美热带山区、非洲、亚洲。在过去的几十年中，这些地区报道有超过 600 座冰川消失，实际消失的冰川数量可能更多，这些事实表明冰川平衡线高度（ELA）已显著抬升。

（3）冰量

全球有物质平衡长期监测数据的冰川较少。最早的观测可追溯到 20 世纪中期，更早时期的物质平衡多以观测为基础构建模型，进行物质平衡重建。全球几乎所有冰川总体处于物质亏损状态。1901—1990 年，全球冰川年均物质平衡为 -197 ± 24 Gt/a，1973—2009 年为 -226 ± 135 Gt/a。其中，1993—2009 年为 -275 ± 135 Gt/a，2005—2009 年为 -301 ± 135 Gt/a。自 2010 年以来，10 个最负物质平衡年中有 8 年记录在案。1970—2019 年，物质亏损呈加剧趋势，全球参照冰川累积物质损失达 23 m 以上水当量。全球冰川和冰盖在 1961—1998 年以约 0.55 m/a 海平面当量减少，1993—2003 年的 10 年间又以 0.77 m/a 的速度加速融化。在 2017—2018 年水文年，观测到的冰川的冰损失量达 0.89 m 水当量，2018—2019 年水文年是连续第 32 个质量负平衡年，冰损失超过 1 m。2020 年，全球冰川总体处于物质高亏损状态，参照冰川物质平衡量为 −982 mm 水当量。

各地区冰川物质亏损有一定差异。阿拉斯加、加拿大北极、南部安第斯山及亚洲山地的冰川物质亏损占全球冰量损失的 80% 以上。欧洲部分地区夏季酷热，某些地区出现创纪录的高温，导致许多高山冰川出现巨大的冰损失。例如，2019 年瑞士冰川的冰量出现了重大损失，总量减少了约 2%；在过去 5 年，冰损失已经超过 10%，创下了一个多世纪以来的最高损失速度。

（4）冰盖

在 1992 年之前，由于高度计、重力卫星的应用没有出现，对冰盖的物质平衡监测误差较大。最近 20 多年，资料相对更可靠。研究结果表明，1992—1999 年至 2010—2019 年，冰盖损失率增加了四倍。在过去的 20 年中，格陵兰冰盖和南极冰盖均表现出物质亏损状态，二者在 1992—2011 年累计损失物质 4 260 Gt，且呈负物质平衡加剧趋势。格陵兰冰盖的冰量损失平均速率很可能已从 1992—2001 年的 34［-6 ～ 74］Gt/a 大幅增至 2002—2011 年的 215［157 ～ 274］Gt/a。格陵兰冰盖自 2002 年以来经历了约 3.6 万亿 t 的冰量损失。其中，2002—2016 年格陵兰岛每年冰损失约 260 亿 t，2011—2012 年最多为 458 亿 t。尽管 2017 年和 2018 年质量总体有所增长，但这只是略微偏离过去 20 年的趋势。2018—2019 年物质平衡中有 169 Gt 的增量，有 498 Gt 的冰损失，导致净冰损失为 329 Gt，远高于平均水平。

南极冰盖的冰量损失平均速率可能从 1992—2001 年的 30［-37 ～ 97］Gt/a 增至 2002—2011 年的 147［72 ～ 221］Gt/a。这些冰量损失主要发生在南极半岛北部和南极西部的阿蒙森海区。南极的总质量损失从 1979—1989 年的 40±9 Gt/a 增加到 1989—1999 年的 50±14 Gt/a、1999—2009 年的 166±18 Gt/a，以及 2009—2017 年的 252±26 Gt/a，增长了近 6 倍。

2.2.3.2　海冰

（1）北极海冰

北极海冰是冰冻圈各要素中对气候变暖响应比较快速的要素之一。随着全球平均地表温度的上升，北极海冰覆盖继续缩小、变薄。北极海冰的减少主要表现在以下几个方面。

厚度减薄：海冰厚度变化对北极气候变化具有很好的指示意义。在北极变暖早期，海冰覆盖范围没有明显变化，但海冰厚度已开始减小，随后海冰厚度减小一直在持续。1978—2008 年，北极海冰的冬季冰层平均厚度减少了大约 1.8 m。2003—2007 年，北冰洋各海域的海冰厚度相比 1958—1976 年减少了一半以上。从 1975 年至 2012 年，北极中心地区冰厚缩减了 65%。

覆盖范围变小：北极海冰范围（海冰密集度≥ 15% 的区域）通常在 3 月和 9 月分别达到最大值和最小值。1979—2020 年，北极海冰范围呈一致性的下降趋势，3 月和 9 月海冰范围分别减少 2.6%/10a 和 13.1%/10a。2020 年 3 月和 9 月，北极海冰范围分别为 1 478 万 km^2 和 392 万 km^2，较常年分别偏小 4.2% 和 38.9%。其中，9 月为有卫星观测记录以来的第二低值，仅次于 2012 年 9 月。自 1979 年以来，连续的各个 10 年，每个季节北极海冰的空间范围都在缩小，减少速度在夏季最高。在过去的 30 年间，北极夏季海冰范围退缩史无前例。自从有卫星记录以来，每 10 年 9 月平均北极冰盖范围最小值一直在减小，按照当前速度，夏季海冰可能在不远的将来完全消失。2011—2020 年，北极海冰的年平均面积达到了至少 1850 年以来的最低水平。夏末北极海冰面积至少比过去 1000 年的任何时候都要小。

密集度减小：伴随北极气候的变暖，一个重要的特征就是海冰密集度的降低和密集冰区的缩小。海冰融化导致北极大范围的密集冰区发生破碎，形成由大大小小冰块组成的冰区，与传统的海冰边缘区性质一致。如果将这些密集度大幅降低的冰区都认为是海冰边缘区，则海冰边缘区的宽度可以达到千公里的量级。

多年冰减少：北极海冰快速消融的另一个重要表现是多年冰的减少。在 1980 年前后，北极海冰中的多年冰占总海冰量的 75% 以上，而在 2011 年只有 45%。

（2）南极海冰

与北极地区不同，南极海冰范围通常在 9 月和 2 月分别达到最大值和最小值。1979—2020 年，南极海冰范围无显著的线性变化趋势。然而，1979—2015 年，南极海冰范围波动上升。其中，1979—2012 年，南极年均海冰范围很可能以 1.5%［1.2% ～ 1.8%］/10a（1.3×10^5 ～ 2.0×10^5 km^2/10a）的速度增加，增加速率约为同期北极海冰减少速率的 1/3。但自 2016 年以来，南极海冰范围持续异常偏小，南极夏季的最小海冰面积和冬季的最大海冰面积远低于 1981—2010 年的平均值，且 2017 年，南极夏季海冰面积刷新了最低记录，2018 年紧随其后，位于第二低水平。2018 年 9 月和 3 月，南极海冰范围分别为 1 788 万 km^2 和 353 万 km^2，3 月值较同期常年值偏小 50 万 km^2。2019 年 9 月和 2 月，南极海冰范围分别为 1 824 万 km^2 和 266 万 km^2，较常年分别偏小 1.4% 和 13.4%。2020 年 9 月和 2 月，南极海冰范围分别为 1 877 万 km^2 和 287 万 km^2，2 月值较同期常年值偏小 6.5%。

南极海冰的变化具有显著的区域性差异，在白令豪山和阿蒙森海呈现海冰范围下降趋势，而罗斯海的海冰范围呈现增长态势，并同时主导着总体趋势。对于南极部分地区海冰范围可能增加的成因尚存在较大争议。

2.2.3.3 积雪

全球 98% 的积雪位于北半球，最大覆盖面积达 45.2×10^6 km^2。全球变暖带来的气温升高和大气环流调整，使得积雪发生着重大变化。春季以及在气温接近冰点的地区，最可能观测到积雪减少，因为春季气温变化对积雪积累的减少和融雪的增加有着最直接有效的影响。

自 1922 年以来，北半球春季积雪覆盖范围呈显著减少趋势，尤其是 20 世纪 60 年代后期之后，减少速率明显加快。其中，1967—2012 年，北半球 3 月和 4 月平均积雪范围缩小 1.6%［0.8% ～ 2.4%］/10a，6 月缩小 11.7%［8.8% ～ 14.6%］/10a。3 月主要由欧亚大陆积雪减少引起，而 4 月主要由欧亚和北美大陆积雪减少引起。北半球积雪范围的这种显著减小主要是由气温不断升高造成的，同时也与发生在 1980 年前后的大气环流转型有关。到 2018 年，北半球平均积雪范围达 2 564 万 km^2，比 1981—2010 年的平均值高 77 万 km^2，略低于 2017 年。总体而言，北美的大陆积雪距平通常大于欧亚的积雪距平。

此外，北半球积雪季节长度自 1972 年冬季以来以 5.3 d/10a 的速率在缩短。在欧亚大陆，虽然冬季积雪量显著增加，但自 1979 年以来，大部分地区和泛北极地区的融雪季节长度均显著增加，融雪开始时间提前约 5 d/10a。

2.2.3.4　冻土

多年冻土主要分布在高纬度的环北极地区、南极地区以及中低纬度的高海拔地区。在气候变暖的背景下，由于表温升高和积雪的变化，自 20 世纪 80 年代初起多年冻土的温度在大多地区都出现了上升，活动层厚度增加，冻土呈退化的趋势。然而由于受局地因素影响，各个地区冻土温度变化呈现出不同的趋势。例如，加拿大中部活动层厚度在 1998—2007 年，以每年 5cm 左右的速度增加。加拿大东部埃尔斯米尔岛地区，15 m 深度处的多年冻土在过去 30 年时间内以大约 0.1℃ /a 的速度增加，在 36 m 深度处却以 0.1℃ /10a 的速度增加。而在俄罗斯的欧洲北部地区，已观测到 1975—2005 年多年冻土层厚度和范围的大幅减少。

2.2.4　极端天气气候事件变化

自 1950 年前后以来，已观测到了许多极端天气气候事件（专栏 2-3）的变化，包括极端低温事件的减少、极端高温事件的增多、区域强降水事件的增多以及极高海平面的增多等。随着全球气候不断变暖，极端天气气候事件将更为频繁、更为剧烈，使自然生态系统和人类系统脆弱性和暴露度显著增加，使人类的生存和发展面临巨大挑战。

专栏 2-3　极端天气气候事件

极端天气气候事件是指天气（气候）的状态严重偏离其平均状态，在统计意义上属于不易发生的事件。世界气象组织规定，当气候要素的时、日、月、年值达到 25 年一遇，或者与相应的 30 年平均值之差超过标准差的两倍时，就可以将此归为极端天气气候。极端天气气候事件主要分为三类：极端的天气和气候变量（如温度、降水、风速等）；影响极端天气或气候变量发生或本身是极端天气和气候现象（如季风、厄尔尼诺、热带气旋等）；对自然环境的影响（如干旱、洪水、风暴潮、冰川退缩等）。

2.2.4.1 极端温度

自20世纪中叶以来，在全球尺度上冷昼和冷夜的天数已减少，而暖昼和暖夜的天数已增加（如东南亚及南太平洋地区）；大多数陆地地区的极端高温（包括热浪）变得更加频繁和强烈，而极端低温（包括寒浪）变得不那么频繁和不那么严重；全球大多数陆地区域最高和最低极端温度已经升高，经历的热浪更多（如欧洲、亚洲和澳大利亚等），且持续时更长。人类影响很可能对观测到的自20世纪中期以来全球范围内日极端温度的频率和强度变化起到了作用，可能使一些地区热浪发生的概率增加了一倍以上。观测到的升温，致使一些地区与炎热有关的人类死亡率有所上升，与寒冷有关的人类死亡率有所下降。目前，极端高温事件导致北美的死亡率和发病率上升；而在欧洲，其影响根据人们的年龄、地点和社会经济因素而异。

热浪是2015—2019年最致命的气象灾害，几乎影响了所有大陆，并创下了许多新的高温记录。2019年，出现了许多大热浪。其中，最重要的是6月底和7月下旬在欧洲发生的两次热浪。第一次是在法国南部，6月28日在瓦拉格（Hérault）创下了46.0℃（比先前记录高1.9℃）的全国纪录，它也影响了西欧的大部分地区。第二次则更为广泛，德国（42.6℃）、荷兰（40.7℃）、比利时（41.8℃）、卢森堡（40.8℃）和英国（38.7℃）创下了全国纪录，高温还蔓延到北欧国家。在一些长期观测站，纪录被打破，新纪录的温度升高了2℃或更多。自20世纪80年代以来，海洋热浪的频率大约翻了一番。相对于极端高温，极端低温更不常见。2019年，低于平均气温的地区之一是北美，最严重的寒流发生在北美洲中部的隆冬。

2.2.4.2 极端降水

自20世纪中叶以来，小概率降水事件的强度逐渐增大，强降水事件增多的陆地地区可能多于减少的地区。近几十年来，极端降水发生的频率和强度都有所增加，但因地域和季节不同，结果也完全不同。有确凿证据表明：北美洲、美洲中部及欧洲的强降水呈递增趋势，与2019年降水量平均值比较，在美国中部、加拿大北部、俄罗斯北部、亚洲西南部、中国北部和非洲东部，观测到大面积异常高的降水量。其他区域，如澳大利亚南部和亚洲东部强降水呈递减趋势。与2019年降水量平均值比较，澳大利亚、印度尼西亚西部及周边国家的天气异常干燥。此外，在南部非洲、中美洲和南美洲部分地区，降水量也异常偏低。

近50年暴雨发生频率增加2%～4%。一些流域极端降水和泄流量增加，说明在区域尺度有更高的洪水风险。在中北欧、西地中海地区和东亚，在过去500年中发生的洪灾比1900年起记录到的洪水要大。在近东、印度和中南美洲，现代大洪水在规模和频率上可与历史上的洪水相当，甚至有过之而无不及。

2.2.4.3　干旱

从 20 世纪中叶开始，有证据表明，在某些区域（如地中海和西非）干旱呈上升趋势，而在某些区域（如北美中部和澳大利亚西北部）干旱则呈下降趋势。近 50 年来，低纬度和中纬度地区夏季极端干旱事件增多。受干旱和（或）干燥影响的陆地区域显著增多，针对这一观点，赞成和反对的论据都非常有力。新的研究结果也不再支持 IPCC AR4 关于自 20 世纪 70 年代以来全球干旱出现增加趋势的结论。

2019 年，干旱影响了东南亚和西南太平洋的许多地区。新加坡的邻国从 7 月中旬到 9 月中旬都非常干燥。

2.2.4.4　极端海平面

有研究表明，极端海平面（如风暴潮期间出现的极端海平面）可能自 1970 年起出现了上升，这主要是平均海平面上升的结果。由于缺乏研究和难以区分任何此类影响与海岸系统的其他变化，海平面上升的影响方面的证据有限。

2.2.4.5　台风和热带气旋

1949—2019 年，西北太平洋和南海生成台风（中心风力≥ 8）个数呈减少趋势，同时表现出显著的年代际变化特征，自 1995 年以来总体处于台风活动偏少的年代际背景下。2019 年，西北太平洋和南海台风生成个数为 29 个，较常年值（25.5 个）偏多 3.5 个。2019 年，全球热带气旋活动高于平均水平，北半球经历了 72 个热带气旋，南半球则为 27 个。自 1970 年以来，北大西洋的强烈热带气旋活动已经增加。其中，2017 年的大西洋飓风是有记录以来最具破坏性的飓风，仅哈维飓风造成的损失就超过了 1 250 亿美元。

从 20 世纪中叶开始，与其他气候变量有关的极端事件变化方面的证据量还非常有限。

思考题：

1. 从古到今，全球气候经历了怎样的变化？历史时期和近代气候变化的主要特征与差异是什么？

2. 什么是极端天气气候事件，古代和近代的全球极端天气气候事件分别发生了怎样的变化？

3. 气候系统主要圈层的气候变量在不同区域的变化有什么特点？

第3章

中国气候变化

中国是典型的大陆性季风气候国家，四季分明，降水集中，气候类型复杂多样，区域差异大。在全球气候变暖的大背景下，近百年来，中国经历了与全球一致的变暖过程。北方地区增温速率明显大于南方，西部地区大于东部，青藏地区暖湿化特征显著。升温导致冰冻圈加速消融，不稳定性加大。中国境域内的渤海、黄海、东海和南海，海平面上升，海水温度和盐度发生变化。极端天气气候事件趋多趋强，气候风险水平进一步升高。

3.1 中国气候特征

中国位于世界上最大陆地亚欧大陆的东部，东临世界上面积最大的海洋太平洋，海陆热力性质差异大，是世界上季风气候最典型的国家之一。同时，中国西南地区又有被称为“世界屋脊”和“第三极”的青藏高原。独特的地理位置和地形特点使得中国的气候类型复杂多样，呈现季风气候和大陆性气候并存的特点，尤以季风气候最为显著。

季风气候造成中国四季分明，降水集中，气候随区域、季节和年际差异大，尤其是冬夏两季呈现截然相反的气候特征。在冬季，陆地温度低，海洋温度高，干冷的风（冬季风）从陆地吹向海洋。到了夏季，陆地温度高，海洋温度低，暖湿气流（夏季风）从太平洋吹向陆地，带来丰沛的降水。所以，中国大部分地区的降水主要集中在下半年，特别是每年 5—9 月，是中国东部的主要降水时段，这段时间称为汛期。因此，夏季风的强弱直接决定我国大部地区，尤其是北方地区年降水量的多寡。

冬季，中国的气温主要随纬度升高而逐渐降低；夏季，气温主要随海拔高度升高而逐渐降低。中国气温日变化和年变化都比较大。在中国的大部分地区，雨热同季，气候资源丰富，但气候资源的时空分布不均匀。太阳能资源夏季比冬季丰富，西部多于东部，干燥地区多于湿润地区，高原地区多于平原地区；降水资源东南多、西北少，夏季多、冬季偏少。中国的年平均降水量自东南沿海向西北内陆逐渐减少，降水量季节变化和年际变化大，旱涝灾害发生频繁。

3.1.1 中国气候类型

中国气候类型主要有热带季风气候、亚热带季风气候、温带季风气候、温带大陆性气候和高山高原气候五大类。气候特征总体表现为：气温年较差大，降水集中在夏季，降水的强度和变化幅度大。

中国大部分地区一年中的风向呈现规律性变化，冬季干冷，多偏北风，夏季暖湿，盛行偏南风。冬季，南北地区的温差极大，黑龙江最北部的漠河地区平均气温在 -20℃以下，海南三亚的气温则在 20℃以上，平均气温 0℃等温线位于秦岭—淮河一线。中国大部分地区降水季节分配极不均匀，主要集中在夏季，全国平均 4—9 月降水量约占全年的 80%。中国东部地区主要雨带随着季节进程南北移动，夏季风的进退决定着主要雨带的位置，平均而言，4—5 月，主要雨带在华南地区；5 月下旬，随着南海季风爆发，华南的降水进入盛期（称为华南前汛期）；6 月中旬，雨带北跳到长江中下游地区；7 月中下旬再次北跳，华北和东北进入雨季。此后，随着北方冷空气势力逐步加强，夏季风南撤，中国开始受冬季风控制。

在气温方面，与世界上同纬度地区的平均气温相比，我国的冬季气温偏低，夏季气温偏高，气温年较差大，而且由南向北，气温年较差逐渐增大。全国年平均气温为 9.6℃（1981—2010 年平均），比全球平均低 4.4℃。夏季，除青藏高原等地势高的地区外，全国普遍高温，南北气温差别不大；除沿海和岛屿外，7 月是全国大部地区最热的月份，东部地区平均气温基本超过 20.0℃，最南端的珊瑚岛 7 月平均气温为 29.0℃，而最北端的漠河也达到 18.0℃左右。冬季，中国的南方温暖、北方寒冷，南北气温差别大。1 月是中国最冷的月份，也是南北气温差异最大的时段，南北温差超过 50.0℃。全国平均气温 7 月与 1 月的差值接近 27℃。此外，西部地区气温空间差异大，新疆吐鲁番盆地年平均气温超过 25.0℃，而青藏高原的五道梁仅 5.4℃。因此，总体而言，中国气温年较差北方大于南方，内陆大于沿海，平原大于山地、高原。在沿海地区及岛屿，因受海洋的调节，冬暖夏凉，则气温年较差比同纬度的内陆地区要小一些。西北内陆为极端干燥气候，青藏高原则为高寒气候。

在降水方面，全国年平均降水量为 629.9 mm（1981—2010 年平均），比全球平均少 22%。夏季是主要雨季，降水量丰富且强度大，7 月的全国平均降水量是 1 月的 11.4 倍。降水量在空间分布上差异十分大，由东南沿海向西北内陆递减，距海越远，降水越少。例如，广西东兴的平均年降水量为 2 660 mm。其中，2001 年达到 4 148 mm；而新疆托克逊的平均年降水量为 8.2 mm，其中 1968 年仅有 0.6 mm。

根据新的气候区划（专栏 3-1），中国气候可划分为 12 个温度带，分别是寒温带、中温带、暖温带、北亚热带、中亚热带、南亚热带、边缘热带、中热带、赤道热带、高原亚寒带、高原温带、高原亚热带。每个温度带又根据实际情况可分为湿润区、半湿润区、半干旱区、干旱区。由此，全国一共划分为 24 个干湿区、56 个气候区。中国具有完全不同的干燥大陆性气候和湿润季风性气候。从沿海向内陆有湿润地区、半湿润地区、半干旱地区和干旱地区。秦岭—淮河以南地区的年降水量普遍在 900 mm 以上，东南沿海超过 2 500 mm。大兴安岭—榆林—兰州—拉萨一线以西以干旱、半干旱为主，柴达木盆地、塔里木盆地和吐鲁番盆地年降水量在 50 mm 以下。水热配合类型多，加上中国地形复杂，山脉纵横，气候垂直变化显著，增加了中国气候的复杂性。

专栏 3-1　气候分类与气候区划

气候分类是按某种标准将全球气候划分为若干类型。主要有两大类分法，一是实验分类法，即根据大量观测记录，以某些气候要素的长期统计平均值及其季节变化与自然界的植物分布、土壤水分平衡、水文情况及自然景观等相对照进行划分；二是成因分类法，即根据气候形成的辐射因子、环流因子和下垫面因子来划分气候带和气候型。一般先根据辐射和环流因子划分气候带，再根据海陆位置、地形等因素进行气候型的划分。

气候区划是按气候特征的相似和差异程度，以一定的指标对一定的区域范围所进行的气候区域划分。

气候分类与气候区划是气候划分的两种方法，某一类型的气候可以出现在不同的区域，而气候区划所划出的区域必须是连成一片的。

3.1.2　主要气候要素特征

3.1.2.1　气温

（1）平均气温

中国常年平均气温为 9.9℃（1991—2020 年平均），自南向北逐渐降低（图 3-1）。

纬度是影响东部地区年平均气温的主要因素。西沙群岛及其以南海面年平均气温达到 26℃以上，是中国年平均气温最高的地区；海南、广西、广东和福建南部等沿海地区年平均气温为 20 ～ 25℃；江南、江淮、江汉和西南大部等地区年平均气温为 15 ～ 20℃；华北平原至秦岭一带年平均气温为 10 ～ 15℃；东北大部和华北北部等地年平均气温在 0 ～ 10℃；黑龙江北部和内蒙古的年平均气温则在 0℃以下。

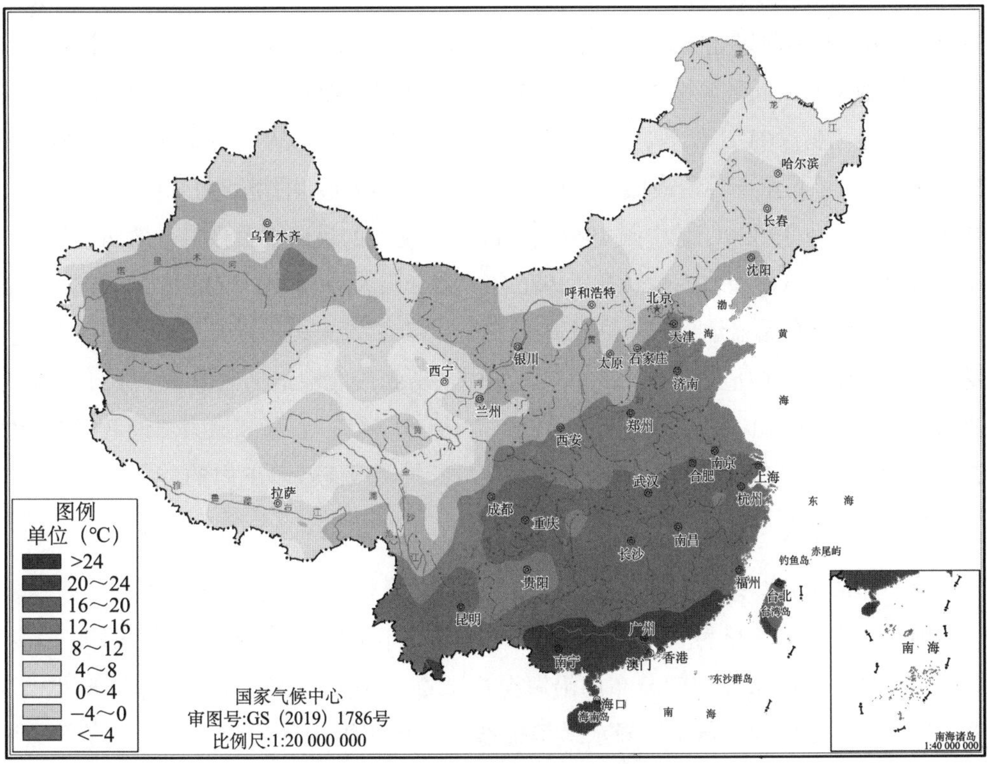

图 3-1　中国年平均气温分布（1991—2020 年平均）

（图片由国家气候中心业务平台绘制）

地形是影响西部地区年平均气温最重要的因素。塔里木盆地和吐鲁番盆地年平均气温为 10 ～ 15℃，青藏高原大部、天山山脉及其以北地区、祁连山等地区年平均气温为 0 ～ 10 ℃，青藏高原唐古拉山脉和巴颜喀拉山脉的年平均气温最低在 0℃以下。

（2）极端气温

中国各地最高气温极值均出现在夏季，除东部部分山区和沿海岛屿地区外，最高气温极值普遍在 35℃以上，超过 40℃的区域主要位于内陆平原和丘陵地区。其中，重庆的綦江、万盛、北碚、江津、彭水、铜梁，江西修水，河南的汝州、伊川、原阳、新安，河北沙河，内蒙古新巴尔虎右旗等地最高气温曾超过 44℃。西部地区地势地貌差异很大，最高气温极值的差异也显著。北部的沙漠、盆地和戈壁滩的最高温度极值一般在 40℃以上，腹地在 45℃以上，吐鲁番东坎曾出现 48.3℃高温（2001 年 6 月 21 日），是中国 1961—2015 年出现过的最高气温极值；青藏高原最高气温极值在 35℃以下，部分地区低于 20℃。

中国各地最低气温极值均出现在冬季。东部地区的最低气温极值自北向南逐渐升高，东北部山脉地区最低气温极值低于 -40℃，东北平原最低气温极值为 -40 ～ -30℃；秦岭和淮河以北的华北平原最低气温极值为 -30 ～ -20℃，秦岭和淮河以南至长江中下游平原最低气温极值为 -10 ～ 20℃，江南南部至华南以及西南大部地区最低气温极值为 -10 ～ 0℃，广西、广东南部、福建南部沿海，以及海南地区最低气温极值在 0℃以上。可见东部各地最低气温极值差异很大，最北端的漠河曾观测到 -52.3℃低温（1969 年 2 月 13 日），是中国 1961—2015 年出现过的最低气温极值，而南端的珊瑚岛曾出现的最低气温极值为 16.4℃（1986 年 3 月 3 日），两者相差 68.7℃。西部地区的塔里木盆地和吐鲁番盆地最低气温极值为 -30 ～ -20℃，天山山脉及其以北地区以及内蒙古高原最低气温极值为 -40 ～ -30℃。其中，新疆最北端最低气温极值低于 -40℃，新疆富蕴于 1960 年 1 月 21 日出现的最低气温达 -51.5℃；青藏高原大部最低气温极值低于 -30℃，局部地区低于 -40℃，而藏东南最低气温极值普遍在 -15℃以上。

3.1.2.2 降水

（1）年降水量与季节降水量

中国的常年降水量为 638.0 mm（1991—2020 年平均），总体分布是东多、西少，夏多、冬少。年降水量空间分布由沿海至内陆逐步递减，等雨量线大体呈东北—西南走向（图 3-2）。400 mm 年降水量等值线是中国干湿地区的分界线，这条等值线呈东北—西南走向，沿着大兴安岭—张家口—兰州—拉萨至喜马拉雅山脉东缘。此线东南部为中国湿润、半湿润地区，雨量逐渐增大，森林繁茂；此线西北部为中国半干旱、干旱地区，有着广阔的草原和荒漠。

在湿润、半湿润地区，广东、广西、台湾和海南的部分地区超过 2 000 mm。其中，广西东兴平均年降水量达 2 738.6 mm，为 1991—2020 年大陆 30 年平均记录最大值；大陆测得最大年降水量则出现在广西防城港（2001 年，达 4 147.7 mm）；东南和华南沿海及丘陵地区为 1 500 ～ 2 000 mm；长江中下游在 1 200 mm 左右；秦

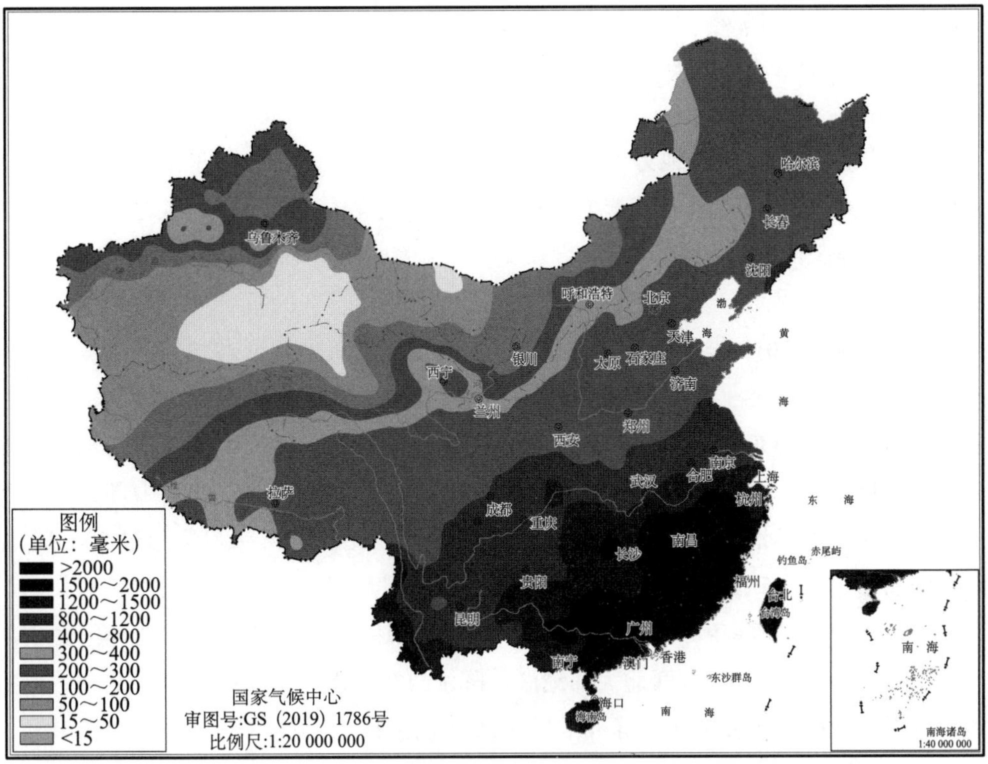

图 3-2　中国年降水量分布（1991—2020 年平均）

（图片由国家气候中心业务平台绘制）

岭及淮河至青藏高原东南边缘，平均年降水量普遍在 900 mm 以上；秦岭至淮河以北的西北地区东南部、华北地区中南部、四川东南部、西藏东部及东北地区大部等地的年降水量在 400 ～ 900 mm。其中，四川雅安可达 1 663.8 mm，是中国内陆降水量最大的地区之一。

在半干旱、干旱地区，除祁连山区外，大部分地区年降水量在 400 mm 以下。其中，新疆天山以北地区在 100 ～ 300 mm，以南地区大多不足 100 mm；柴达木盆地、塔里木盆地和吐鲁番盆地年降水量不足 50 mm，是中国最干燥的地区。例如，塔里木盆地南缘的且末常年降水量为 27.5 mm。其中，1980 年仅有 1.9 mm；吐鲁番常年降水量为 15.3 mm。其中，1968 年仅有 2.9 mm；柴达木盆地北缘的冷湖常年降水量为 15.4 mm。其中，1961 年仅有 3.2 mm；新疆天山东缘淖毛湖常年降水量为 23.2 mm。其中，1997 年仅有 1.6 mm；中国常年降水量最少的气象站是吐鲁番盆地西缘的托克逊，只有 8.1 mm。其中，1968 年降水量仅有 0.6 mm。

“第三极”青藏高原地区的降水量分布形势也是从东南向西北减少，雅鲁藏布江大峡谷附近年降水量超过 600 mm，而高原西北部地区不足 100 mm，降水量最少的地区是噶尔附近，例如，噶尔平均年降水量为 66.3 mm。青藏高原东南部因面迎印度洋来的西南季风，加之海拔低，雅鲁藏布江下游河谷的巴昔卡 1931—1960 年平均年降水量高达 4 095.0 mm。

中国年降水量最多的地方不在大陆而在台湾地区。例如，阿里山年平均年降水量达 3 932.3 mm，宜兰县的苏澳为 4 439.8 mm，最大值出现在台湾地区北部的阳明山，高达 4 863.1 mm。

（2）降水日数

中国 1981—2010 年平均年降水日数为 103 d，空间分布形态与年降水量分布形态相似，按大兴安岭—阴山—贺兰山—巴颜喀拉山—冈底斯山界限划分的季风区与非季风区分布，由东南沿海向西北内陆地区递减。淮河、秦岭以南及西南地区东部大部分地区年降水日数在 100 d 以上。其中，长江中下游地区、四川中部、西藏南部、云南西南部等地降水日数超过 150 d，部分高山站的年降水日数超过 200 d，如四川峨眉山达 246.5 d。中国北方以东北地区降水日数最多，大、小兴安岭和长白山为 100 ～ 150 d；新疆伊犁河谷、哈巴河等局地也达 100 ～ 150 d。东北地区西南部和河北大部为 50 ～ 75 d；西北大部地区年降水日数普遍不足 75 d，特别是柴达木盆地、塔里木盆地和吐鲁番盆地等，年降水日数不足 25 d，新疆托克逊仅有 8.7 d。

（3）极端日最大降水量

极端日最大降水量是历史上日降水量的最大值，可以反映某地日降水强度和极端性。中国极端日最大降水量的空间分布也是由东南沿海向西北内陆逐渐减小。广西东南部、广东南部及海南等地日最大降水量超过 300 mm。其中，河南、山东、江苏、广东、海南等地均出现过日最大降水量超过 600 mm 的气象观测值。黄淮东部及西南部、江汉东部、江淮西部、江南中部及西北部、四川盆地东南部部分地区及东南沿海地区日最大降水量超过 250 mm。东北大部、华北大部、河套地区以南，以及四川盆地东部到云南丽江以东地区日最大降水量超过 100 mm。中东部其他地区日最大降水量普遍超过 50 mm。中国西北地区中部及西部、西藏大部、西南地区北部等地日最大降水量不超过 50 mm，青海小灶火日最大降水量只有 12.8 mm。

中国大陆地区最大日降水量出现在河南省的上蔡气象站（1975 年 8 月 7 日），为 755.1 mm，最大 24 小时（可以跨日）降水量同日出现在河南方城市郭林水文站，为 1 054.7 mm；台湾地区最大日降水量出现在台湾尾寮山（2009 年 8 月 8 日），为 1 402.0 mm，最大 24 小时降水量发生在阿里山（1996 年 7 月 31 日），为 1 748.5 mm。

3.1.2.3 风

大气的流动形成了风，使得空气中的热量和水分进行交换，进而形成了不同的天气气候特征。有谚语道：“北风变寒，南风转暖，东风主雨，西风主晴。”

冬季，受东亚季风影响，中国盛行从陆地吹向海洋的偏北风。其中，黄河下游以南地区主要为偏北和东北风；沿海地区（从辽东半岛至台湾海峡）主要为偏北和西北风；东北和内蒙古以偏西风为主；华北平原北部因受地形的影响，以西南风为主；云南东部和贵州西部维持东南风而云南西部维持西南风；新疆西部以西北风为主而其东部以偏东风为主。

夏季，受东亚夏季风的影响，中国盛行从海洋吹向陆地的偏南风。其中，东北、华北平原、华南至云贵高原的大范围区域都被偏南和东南风控制；四川盆地上空的高层为西南风而低层为偏北风；西藏南部以东南风为主，而青藏高原北部以偏东和东北风为主；新疆大部主要为西北和偏西风，而新疆东部为东北风。

春秋两季是转换季节，但总体以北风为主。春季，中国大部分地区仍主要被偏北风控制，但山东半岛以南的偏南和东南风已开始加强。秋季，伴随东亚夏季风的迅速南撤和东亚冬季风的建立，稳定的偏北风控制了中国大部分地区，风向特征与冬季相似。

（1）风速

中国大风天气分布广，北方地区冬半年，尤其春季，经常出现寒潮大风；南方夏半年多台风和雷雨大风。西北、华北北部、东北中南部是中国风速较大的地区，四川盆地、鄂西、贵北等地是中国小风气候区。除台风外，中国的风速总体分布特点是：北方风大，南方风小；沿海风大，内陆风小；平原风大，山地风小；高原风大，盆地风小。

中国常年（1981—2010 年气候平均）年平均风速为 2.3 m/s。重庆东部和湖北西南部局部年平均风速最小，不到 1.0 m/s；华北西南部、西北东南部、江汉西部、西南大部、江南、华南大部及新疆西南部等地为 1.0 ～ 2.0 m/s；西北大部、东北大部、华北东部、黄淮大部、江汉东部、江淮及内蒙古、西藏大部、云南东部等地普遍为 2.0 ～ 3.0 m/s。其中，新疆东部和北部局部、青海西部、内蒙古西部和中部部分地区、黑龙江中部、吉林西部、辽宁中部、西藏中部等地风速最大，超过 3.0 m/s。

在四个季节中，春季平均风速最大，夏季和冬季风速次之，秋季平均风速最小。

（2）大风日数

一天内出现过的最大风速达到或超过 17.2 m/s（8 级风速），则在气象上将这天定义为一个大风日。中国年大风日数与年平均风速的分布形态相似，风速较大的地区大风日数较多。大风主要出现在西部和北部地区，年大风日数一般在 10 d 以上。此外，山地隘口及孤立山峰处也是大风的多发区。

中国有三个主要的大风多发区：一是青藏高原大部，地形较平坦，冬半年受高空西风急流影响，年大风日数可达 75 d 以上，部分地区达 100 d 以上，是中国范围最大的大风日数高值区；二是内蒙古中北部地区和新疆西北部地区，地形也较平坦，受寒潮大风和气旋大风影响，年大风日数在 50 d 以上。例如，内蒙古乌兰察布、包头等地达 75 d 以上；三是东南沿海及其岛屿，年大风日数在 50 d 以上。例如，山东的烟台和威海以及浙江的舟山等沿海岛屿可达 75 d 左右。

3.1.2.4 日照时数

日照时数是指太阳在某地实际照射的时间长短量值。日照时数的分布与云量及大气透明度有关，中国四川、贵州是全国云量最多、日照时数最少的地区。西北地区及青藏高原西北部日照非常丰富，是中国日照时数最多的地区。

中国各地的年日照时数差异大，在 1 200 ～ 3 400 h 变化，基本呈北多南少、西多东少的特征。大致从哈尔滨、长春、沈阳以东，到天津、石家庄、太原、延安、庆阳、定西、青海甘得、四川石渠、西藏洛隆一线的东南部，年日照时数在 2 500 h 以下，西北部在 2 500 h 以上；华北南部、黄淮、江淮、四川西部和云南大部，以及海南西部在 2 000 ～ 2 500 h；秦岭、淮河以南，四川盆地以西，以及江南、华南和台湾等地一般有 1 500 ～ 2 000 h；四川东部、重庆、湖南西部、贵州、广西北部是中国少日照中心，年日照时数最短，都不到 1 500 h。其中，四川名山县仅为 859.0 h，是全国最少的地区。西北大部、东北西部、华北北部及内蒙古、西藏大部的年日照时数一般有 2 500 h 以上。其中，新疆东部、青海西北部、甘肃西北部、内蒙古西部和中北部、西藏西南部年日照时数最长，达 3 000 ～ 3 500 h，西藏狮泉河和新疆红柳河分别为 3 573.5 h 和 3 456.5 h，是全国日照时数最多、次多的气象站。

3.2 近百年中国气候变化

在全球气候变暖的大背景下，近百年来中国也经历了与全球一致的变暖过程。近 20 年来，是我国 20 世纪初以来的最暖时期。气候变化已经给我国的地表环境、自然生态系统和社会经济系统带来深刻的影响，极端天气气候事件趋多趋强，对我国的粮食安全、水资源、生态环境、能源、重大工程、经济社会发展等诸多领域带来严峻挑战，气候风险水平进一步升高，我国在应对气候变化方面也面临着重大挑战。

3.2.1 基本气候要素变化

3.2.1.1 气温

在全球变暖的背景下，1901—2020 年，中国地表年平均气温呈显著上升趋势，升温速率达到 0.15℃ /10a，并伴随明显的年代际波动（图 3-3）。

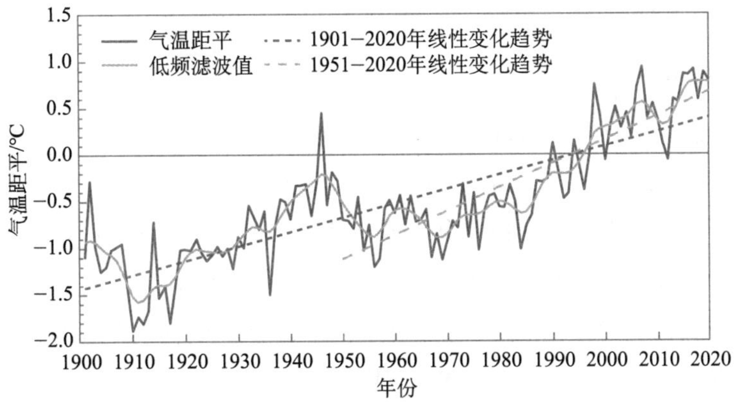

图 3-3　中国地表年平均气温距平历年变化（1901—2020 年）

（摘自《中国气候变化蓝皮书 2021》，中国气象局气候变化中心编著，科学出版社）
注：气温距平指某年的年平均气温与 30 年平均气温的差值。例如，中国年平均气温的 30 年平均值为 9.6℃，2021 年中国年平均气温为 10.4℃，则 2018 年中国年平均气温距平为 10.4−9.6=0.8℃。

1951—2020 年，中国地表年平均气温呈显著上升趋势，增暖速率达到了 0.26℃ /10a。中国年平均气温经历了冷、暖、上升三个时期：1985 年以前以偏冷为主；1997 年以后以偏暖为主；1985—1997 年，气温呈明显的上升趋势。从增温趋势来看，近 50 多年来，中国年平均气温的增温主要发生在 20 世纪 90 年代至 21 世纪初，1990—2010 年增温幅度为 0.5℃ /10a，是近 68 年（1951—2018 年）平均增温幅度的 2.1 倍。近 20 年是 20 世纪初以来的最暖时期，1901 年以来的 10 个最暖年份中，除 1998 年，其余 9 个均出现在 21 世纪。虽然中国年平均气温上升速率下降，甚至出现变暖滞缓现象，但却是 20 世纪初以来的最暖时期。2020 年，中国的平均气温较常年偏高 0.79℃，为 1901 年以来第六暖年份。

中国四季平均气温的变化，增温趋势最大的是冬季，平均增温率约为 0.39℃ /10a；其次是春季和秋季，增温率分别约为 0.29℃ /10a 和 0.31℃ /10a；夏季增温率最小，约为 0.22℃ /10a。

在中国的总面积中，海洋面积占 30% 左右，而在全球总面积中海洋的面积占比超过了 70%，所以全球平均气温变化受海洋的影响远大于中国。这可能是造成中国温度变化的波动性明显高于全球和北半球的主要原因之一。根据《第三次气候变化国家评估报告》，自 20 世纪 80 年代开始，中国的增温速度明显高于全球和北半球陆地。线性增温速度为每 10 年上升 0.38℃，北半球为每 10 年上升 0.33℃，全球平均为每 10 年上升 0.26℃，中国的增温速度明显高于北半球，更高于全球平均。这可能与中国改革开放后快速增加的社会生产活动和城市化影响有关。从 21 世纪 10 年代中期开始，中国的降温也较北半球和全球陆地平均显著。

3.2.1.2 降水

1901—2020 年，中国平均年降水量无明显趋势性变化，但存在显著的 20 ～ 30 年尺度的周期性振荡。其中，20 世纪 10 年代、30 年代、50 年代和 90 年代降水偏多，20 世纪最初 10 年、20 年代、40 年代、60 年代降水偏少（图 3-4）。

1961—2020 年，中国年降水量总体呈增加趋势，平均每 10 年增加 5.1 mm，且年代际变化明显。20 世纪 50—70 年代降水量以偏少为主，20 世纪 80—90 年代中国平均年降水量以偏多为主，21 世纪最初 10 年总体偏少，2012 年以来降水持续偏多。1998 年、2016 年和 2020 年是排名前三位的降水高值年，2011 年、1986 年和 2009 年是排名后三位的降水低值年。2020 年，中国平均降水量为 694.8 mm，较常年值偏多 10.3%。从中国四季平均降水量的变化来看，春、夏、秋三季的降水量变化趋势并不明显，冬季降水量有增长趋势。

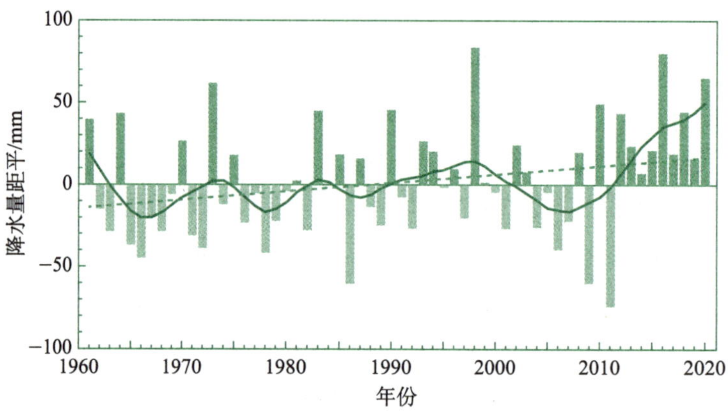

图 3-4　中国平均年降水量距平历年变化（1961—2020 年）

（摘自《中国气候变化蓝皮书 2021》，中国气象局气候变化中心编著，科学出版社）

注：降水量距平是指某年的年平均降水量与 30 年平均降水量的差值；点线为线性变化趋势线。

从降水日数变化来看，1961—2020 年，中国平均年降水日数呈显著减少趋势，平均每 10 年减少 1.9 d。降水日数最多的年份是 1964 年，约为 120 d；降水日数最少的年份是 2011 年，不到 100 d。降水日数在四季均呈现减少趋势，特别是在秋、冬季更为显著。从年代际变化看，全国降水日数呈持续减少的趋势主要从 19 世纪 70 年代中期开始。

从中国的降水雨型的变化来看，小雨日数呈减少趋势，而暴雨日数呈增多趋势，也就是降水的极端性在增强，这与全球变暖背景下大气持水能力增强有关。

3.2.1.3　风

1961—2015 年，全国年平均风速呈显著的减小趋势，平均每 10 年减小 0.13 m/s。20 世纪 60 年代至 80 年代中期，全国年平均风速较常年值偏大；80 年代中期以后均较常年值偏小；90 年代中期之后，平均风速减小的趋势有所变缓。

近 50 多年来，全国平均年小风日数（日平均风速≤ 1.5 m/s）则呈显著增加趋势，平均每 10 年增加 10.6 d。20 世纪 60—80 年代中期，年小风日数值明显偏小，只有 120 d 左右；80 年代中期以后，受气候变暖的影响，小风日数增加明显，达 165 d 左右；21 世纪初以后，小风日数的增加趋势有所变缓。

中国各季节小风日数的变化特征与年小风日数相一致，在 1961—2015 年也出现了显著的增加趋势。其中，秋季增幅最大，平均每 10 年增加 3 d；其次为冬季，平均每 10 年增加 2.9 d；春、夏季的增加趋势相近，分别为平均每 10 年增加 2.2 d 和 2.5 d。

3.2.1.4　日照时数

1961—2015 年，中国平均年日照时数表现出显著的减少趋势，平均每 10 年减少约 33.8 h。20 世纪 60—80 年代中后期，中国平均年日照时数虽然较常年值偏多，但在时间变化上总体呈现出逐年减少的线性趋势；而在 20 世纪 90 年代以后，中国平均年日照时数较常年值偏少，其减少趋势有所放缓。

中国平均的四季日照时数也呈现出不同程度的减少。其中，春季日照时数在 1961—2015 年仅表现出弱的减少趋势，平均每 10 年仅减少 2.2 h；而夏季日照时数在近几十年的减少趋势最为明显，平均每 10 年减少 20.4 h；秋季和冬季日照时数也表现出了显著的减少趋势，减少速度分别为平均每 10 年减少 9.1 h 和 11.1 h。

3.2.1.5　相对湿度

1961—2015 年，中国年平均相对湿度在 2003 年以前没有明显的变化趋势，2004—2009 年出现明显下降趋势，以偏低为主；2010 年之后又开始有上升趋势，但还是以偏低为主。中国春季的平均相对湿度有显著的下降趋势，平均每 10 年下降 0.8%；夏季平均相对湿度的下降趋势并不显著，但表现出明显的波动特征。20 世纪 60 年代至 80 年代末，相对湿度有所增加，而在 90 年代以后大幅下降；秋季和冬季的平均相对湿度均表现出显著的下降趋势，平均每 10 年下降 0.5%。

3.2.1.6　云量

1961—2018 年，中国平均总云量呈现弱的下降趋势，但阶段性变化特征明显，20 世纪 90 年代中后期出现趋势转折（图 3-5），之后波动上升。2018 年，中国平均总云量较常年偏多 0.25 成，与 2017 年并列为 1961 年以来的第四高值。

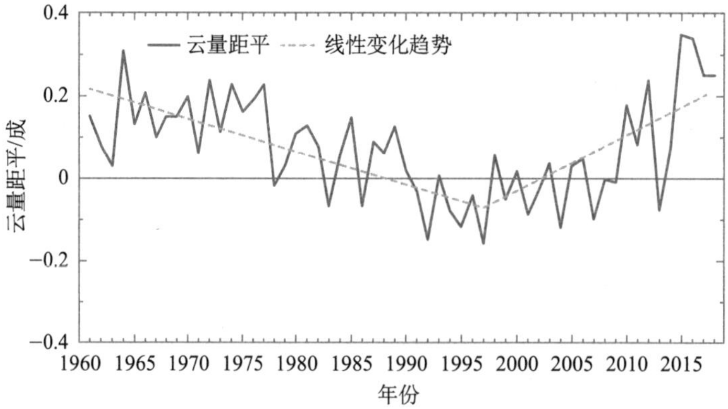

图 3-5 1961—2018 年中国平均总云量距平

（图片来自《2019 年中国气候变化蓝皮书》）

3.2.1.7 大气成分

（1）温室气体

中国瓦里关全球大气本底站（位于青海省瓦里关山，海拔 3 816 m）（专栏 3-2）是世界气象组织全球大气观测网的 31 个全球大气本地观测站之一，是中国最先开展温室气体监测的观测站，也是目前欧亚大陆腹地唯一的大陆型全球大气本底站。

1990—2019 年，瓦里关站大气 CO_2 浓度逐年稳定上升，月平均浓度变化特征与同处于北半球中纬度高海拔地区的美国夏威夷冒纳罗亚（Mauna Loa）全球本底站基本一致，很好地代表了北半球中纬度地区大气二氧化碳的平均状况（图 3-6）。2019 年，全球大气 CO_2 年平均本底浓度为 410.5±0.2 ppm（浓度单位，1ppm 为干空气中

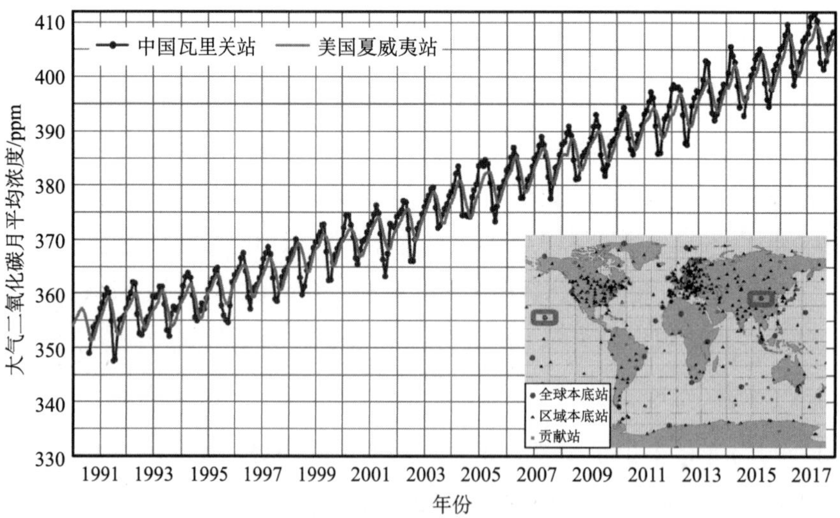

图 3-6 1990—2019 年中国瓦里关和美国夏威夷全球本底站大气二氧化碳月平均浓度变化

（图片来自《2021 年中国气候变化蓝皮书》，科学出版社，2022 年）

每百万个气体分子中所含的该种气体分子数），瓦里关全球大气本底站大气 CO_2 年平均浓度为 411.4±0.2 ppm，略高于全球平均值，与北半球平均值和美国夏威夷站同期观测结果基本一致。

2004—2019 年，全球大气中的 CH_4、N_2O 和 SF_6 的年平均本底浓度均呈现出稳定的上升趋势。其中，2019 年的观测值分别达到了 1 877±2 ppb（浓度单位，1 ppb 为干空气中每 10 亿个气体分子中所含的该种气体分子数）、332.0±0.1 ppb、9.94±0.11 ppt（浓度单位，1 ppt 为干空气中每万亿个气体分子中所含的该种气体分子数）。瓦里关全球大气本底站 2017 年的观测值则分别为 1 931±0.3 ppb、332.6±0.1 ppb 和 10.11±0.14 ppt，均高于全球平均值，与北半球平均值和美国夏威夷站同期观测结果大体相当。

1990—2017 年，中国瓦里关全球大气本底站大气 CO_2 的碳稳定同位素比值（$\delta^{13}C$）与美国夏威夷全球大气本底站监测结果基本一致，呈逐年降低趋势。该趋势反映了与人类活动有关的化石燃料燃烧所释放的 CO_2 对当今大气 CO_2 浓度升高的贡献（化石燃料来源于远古时期生物体，其碳稳定同位素 ^{13}C 丰度明显低于当今大气，致使化石燃料所释放 CO_2 的 $\delta^{13}C$ 相对于当今大气明显亏损）。2017 年，瓦里关本底站大气 $CO_2\delta^{13}C$ 年平均值为 -8.55‰。

专栏 3-2　大气本底站

大气本底站全称为大气本底观测站，分为全球大气本底站和区域大气本底站，由世界气象组织在全球布设。大气本底站监测的是（排除局地环境影响的）整个大气环境混合、均匀之后的平均状况，大气本底值的监测要求在“相对清洁”的大气环境中进行。全球大气本底监测站严格按世界气象组织有关大气本底监测的规范和标准，在全球基准大气本底条件下开展包括温室气体、大气臭氧、气溶胶、太阳辐射、气象和边界层气象、降水化学等多个方面的观测。大气本底的系统观测资料，是世界气象组织全球大气监测计划的重要组成部分，将对未来大气成分的变化起着早期预警、监视作用，将长期、稳定、连续地获取全球基准大气本底监测资料，为研究、评价、预测大气成分变化进而研究对气候变化的影响提供科学依据。中国除了瓦里关是全球大气本底观测站外，还有 6 个区域大气本底观测站，分别是北京上甸子站、浙江临安站、黑龙江凤山站、云南香格里拉站、湖北金沙站和新疆阿克达拉站。

（2）臭氧总量的变化

20 世纪 70 年代中后期，全球臭氧总量开始逐渐降低，到 1992—1993 年，因菲律宾皮纳图博火山爆发而降到最低点。青海瓦里关站和黑龙江凤山站（区域本底站）的观测结果显示，自 1991 年以来，臭氧总量季节波动明显，但年平均值无明显增减趋势。2020 年，瓦里关站和凤山站臭氧总量平均值分别为 292±31 DU（1 DU 表示标准状态下每平方米面积上有 0.01 mm 厚臭氧）和 349±47 DU，与 2019 年臭氧总量平均值持平。全球臭氧总量平均值总体回升的态势与全球中纬度地区臭氧层出现恢复相一致，这与全球禁止排放损耗臭氧的氟氯烃（又名氟利昂）后促使臭氧层恢复有关，同时也与对流层上层—平流层大气环流年代际的调整有一定联系。

（3）气溶胶

气溶胶通过散射和吸收辐射直接影响气候变化，也可以通过在云形成的过程中扮演凝结核或改变云的光学性质和生存时间而间接影响气候。气溶胶光学厚度，是用来表征气溶胶对光的衰减作用的重要监测指标，光学厚度越大，代表大气中气溶胶含量越高。2004—2014 年，北京上甸子站、浙江临安站、黑龙江凤山站气溶胶光学厚度年平均值波动增加；2015—2020 年，均呈明显降低趋势。2020 年，北京上甸子站可见光波段（中心波长 440 nm）气溶胶光学厚度平均值为 0.36±0.20，较 2019 年略有降低；浙江临安站和黑龙江龙凤山站气溶胶光学厚度平均值分别为 0.45±0.25 和 0.26±0.19，较 2019 年均有大幅下降。

3.2.2 中国极端天气气候事件的变化

严格来讲，“极端天气事件”和“极端气候事件”是两个不同的概念，前者是指在特定地区所发生的“罕见”天气事件，后者是指某一特定地区和特定时期内许多极端天气事件的平均状况或多年一遇的“极端罕见”气候状况。基于小概率事件阈值的概念，IPCC 的第四次评估报告（IPCC-AR4）给出了极端天气气候事件的定义，即对某一特定地点和时间，极端天气事件就是发生概率很小的事件，通常发生概率只占该类天气现象的 10% 或者更低；而极端气候事件就是在给定时期内，大量极端天气事件的平均状况，其平均状态相对于该类天气现象的气候平均态也是极端的。极端天气气候事件简称极端事件，它一般具有三个特征：一是发生频率小，二是强度较大，三是有较大的社会影响。

近 60 年来，我国极端事件发生了显著变化，高温日数和暴雨日数增加，极端低温频次明显下降，北方和西南干旱化趋势加强，登陆台风强度增大，霾日数增加（2017 年之后有所减少）。我国达到或超过 35℃的高温日数平均每 10 年约增加 0.5 d，特别是进入 21 世纪以来，高温日数平均每年约 11.7 d，比 1961—2000 年的年平均高温日数增加 1.4 d。我国低温极端事件显著减少，特别是区域性极端低温事件频次明显下降。极端日降水量事件有所增加，极端强降水事件频次趋多。

区域性气象干旱事件频次的年代际变化明显。20 世纪 70 年代后期至 80 年代干旱事件偏多，90 年代至 21 世纪初偏少，2003 年以来又转为偏多，特别是近年来西南地区冬春连旱尤为频繁，东北、华北和西南地区干旱化趋势明显。

登陆中国的台风频次无明显的趋势变化，但年际变化较大。如 1971 年有 12 个登陆台风，而 1982 年、1997 年、1998 年均只有 4 个。进入 21 世纪以来，年均有 8 个台风登陆我国，强度则明显增强。其中，有一半最大风力达到或超过 12 级，比 20 世纪 90 年代约增加了四成。

3.2.2.1　极端气温

1961—2020 年，中国平均暖昼日数呈增多趋势，平均每 10 年增加 5.7 d，尤其是 20 世纪 90 年代中期以来增加得更为明显［图 3-7（a）］。2020 年，中国平均暖昼日数为 65 d，较常年值偏多 21 d。最多年份为 2013 年（73 d），其次是 2018 年（70 d）。

1961—2020 年，中国平均冷夜日数呈显著减少趋势，平均每 10 年减少 8.2 d。1998 年以来，冷夜日数较常年值持续偏少［图 3-7（b）］。2020 年，中国冷夜日数 21 d，较常年值偏少 15 d；2007 年、2017 年和 2019 年分别仅有 18 d、19 d 和 20 d，分别为 1961 年以来第一、第二、第三少年。

1961—2020 年，中国极端高温事件发生频次的年代际变化特征明显，自 20 世纪 90 年代中期以来明显偏多。2017 年，中国共发生极端高温事件 1 561 站日，较常年值偏多 1 282 站日，为 1961 年最高值。其中，新疆吐鲁番（49.0℃）、内蒙古乌兰浩特（42.5℃）和陕西眉县（42.3℃）等共计 169 站日最高气温突破历史极值。2020 年，中国共发生极端高温事件 505 站日，较常年值偏多 225 站日。其中，贵州罗甸（41.2℃）等共计 69 站日最高气温突破历史极值。

1961—2020 年，中国极端低温事件发生频次呈显著减少趋势，平均每 10 年减少 237 站日。2017 年，中国共发生极端低温事件仅 7 站日，较常年值偏少 261 站日，为 1961 年以来的次少值，仅次于 2007 年。2020 年，中国共发生极端低温事件 68 站日，较常年值偏少 200 站日。其中，内蒙古岗子（−32.4℃）和山西小店（−20.6℃）日最低气温突破低温历史极值。

3.2.2.2　极端降水

1961—2020 年，中国极端日降水量事件的频次呈增加趋势，平均每 10 年增多 18 站日。2016 年，中国共发生极端日降水量事件 470 站日，较常年值偏多 239 站日，

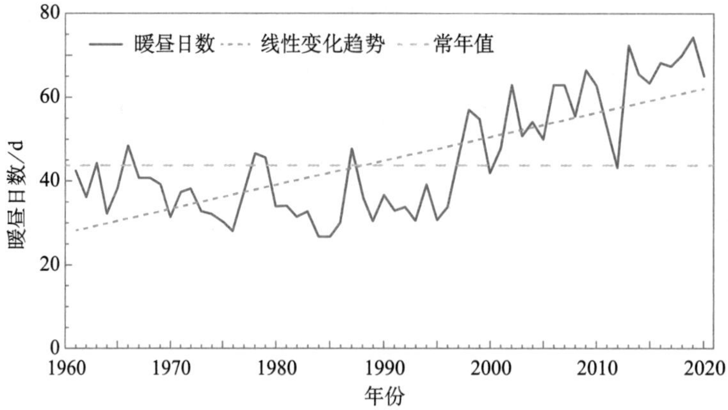

（a）年暖昼日数

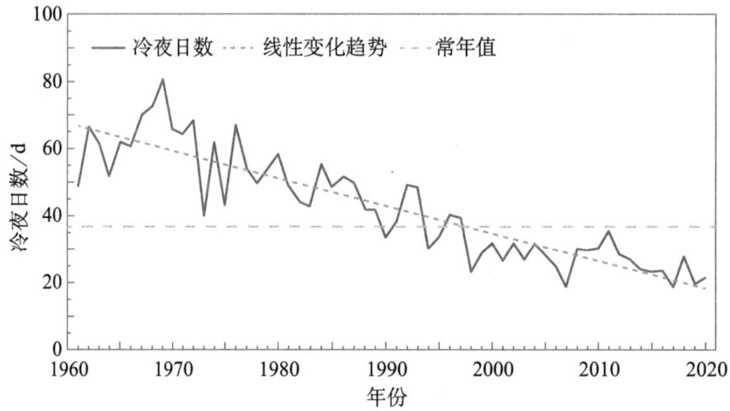

（b）年冷夜日数

图 3-7　1961—2020 年中国平均年暖昼和冷夜日数变化

为 1961 年以来第一多。2020 年，中国共发生极端日降水量事件 387 站日，较常年值偏多 156 站日，为 1961 年以来第二多。其中，山西、广西、四川等地共计 45 站日降水量突破历史极值。

3.2.2.3　区域性气象干旱

1961—2020 年，中国共发生了 185 次区域性气象干旱事件。其中，极端干旱事件 16 次、严重干旱事件 39 次、中度干旱事件 77 次、轻度干旱事件 53 次。1961 年以来，区域性干旱事件频次呈微弱上升趋势，并且具有明显的年代际变化特征：20 世纪 70 年代后期至 90 年代初区域性气象干旱事件偏多，90 年代中期至 21 世纪初偏少，2003—2008 年阶段性偏多，2009 年以来总体偏少。2020 年，中国共发生 4 次区域性气象干旱事件，频次较常年略偏多。其中，东北、华南遭遇夏伏旱，达到严重干旱等级；2 次中度干旱等级，分别为春夏季西南部分地区发生的气象干旱和 4 月中旬至夏初长江以北出现的阶段性干旱；秋冬季华南等地发生的气象干旱，为轻度干旱等级。

3.2.2.4　台风

1949—2020 年，西北太平洋和南海生成台风（中心风力≥ 8 级）个数呈减少趋势，同时表现出明显的年代际变化特征，1995 年以来总体处于台风活动偏少的年代际背景下。2020 年，西北太平洋和南海台风生成个数为 23 个，较常年值偏少 2.5 个。

1949—2020 年，登陆中国的台风（中心风力≥ 8 级）个数呈弱的增多趋势，但线性趋势并不显著；年际变化大，最多年达 12 个（1971 年），最少年仅有 3 个（1950 年和 1951 年）。1949—2020 年，登陆中国的台风比例呈增加趋势，尤其是 2000—2010 年最为明显，2010 年的台风登陆比例（50%）最高，近几年呈阶段性的下降趋势。2020 年登陆中国的台风有 5 个，登陆比例为 22%，较常年值（29%）偏低。

1949—2020 年，登陆中国的台风（中心风力≥ 8 级）的平均强度（以台风中心最大风速来表征）线性趋势并不明显，主要表现为年代际变化。其中，20 世纪 90 年代中期以来呈现明显偏强的特征。2020 年，登陆台风平均强度为 11 级（平均风速 31.6 m/s），较常年值（30.7 m/s）略偏强，且登陆台风具有近海加强并以峰值登陆的特点。2020 年，台风影响时段和地域集中，7 月西北太平洋和南海无台风生成，8 月下旬至 9 月上旬半个月内连续 3 个台风北上影响东北地区，均为 1949 年以来首次出现。

3.2.2.5　沙尘天气

1961—2020 年，中国北方地区平均沙尘（扬沙以上）日数呈明显减少趋势，平均每 10 年减少 3.4 d。20 世纪 80 年代后期之前，中国北方地区平均沙尘日数持续偏多，之后转入沙尘日数偏少阶段。2020 年，中国北方地区平均沙尘日数为 5.5 d，较常年值偏少 4.0 d。

3.3　中国典型地区的气候变化

3.3.1　东北地区

东北地区是我国粮食主产区，行政区划上为辽宁、吉林、黑龙江三省构成的区域，南面紧邻黄海、渤海，东面和北面有鸭绿江、图们江、乌苏里江和黑龙江环绕，西面为陆界。东北地区属大陆性季风型气候，地域广阔，气候类型多样，自南向北跨暖温带、中温带与寒温带，四季分明，夏季温热多雨，冬季寒冷干燥。

3.3.1.1 农业气候资源变化

1961—2015 年，东北地区≥ 10℃作物适宜生长期期间日照时数整体呈减少趋势，平均每 10 年减少 8 h。1961—2012 年，东北地区年太阳能辐射随年代变化呈递减趋势，年太阳辐射总量减少 340.4 MJ/m^2，变化幅度为 -1.1%/10a。其中，农作物生长季的太阳辐射平均减少了 103.5 MJ/m^2。该地区太阳能资源的减少主要是由春季和夏季太阳能辐射量减少引起。

作物适宜生长期期间热量资源增加。1961—2015 年，东北地区≥ 10℃适宜生长期期间平均气温呈上升趋势，平均每 10 年上升了 0.14℃。大于 10℃的积温也总体呈增加趋势，每年气温大于 10℃的初日提前，终日延迟。

3.3.1.2 旱涝灾害变化

东北地区旱涝灾害频次与强度呈增大趋势。自 20 世纪 70 年代以来，农业干旱灾害的发生频次和程度明显增加，尤其 20 世纪 90 年代中期以来最为显著。1960—2014 年，东北地区的夏季、秋季、生长季及年际尺度均略呈干旱化趋势。大旱频率高值中心集中分布于东北地区西部，干旱多发生于北部黑龙江干流、西辽河以及嫩江地区，尤其松嫩平原地区的干旱频次、连续干旱年数明显增加。

近 60 年来，东北地区的洪涝灾害频次和程度整体呈增加趋势，整体降水量线在向东向北扩张。大涝频率高值中心分布于小兴安岭北部和三江平原、嫩江流域北部、辽河流域、长白山地区。

3.3.1.3 冻土和冰雪变化

东北地区是我国唯一的高纬多年冻土分布区和第二大多年冻土区，多年冻土主要分布在大、小兴安岭地区和松嫩平原北部。

受气候变暖影响，多年冻土呈现出自南向北的区域性退化趋势。多年冻土南部地区表现为冻土南界北移、融区扩大和冻土消失；北部地区表现为冻土下限上抬、活动层厚度增大等特征。

近 50 年来，黑龙江全省季节性冻土厚度呈明显下降趋势，平均每 10 年下降 5.3 cm，相比 20 世纪 60 年代，最近 10 年季节性冻土厚度减少了 19.4 cm。吉林省自 20 世纪 80 年代中期以来，冻土层变浅，土壤封冻期推迟，解冻期提前，冻结持续时间缩短。

与季节性冻土相比，多年冻土对气候变化更为敏感脆弱，位于东北北部的多年冻土属于不稳定、抗干扰能力差的强度脆弱冻土，仅次于青藏高原部分地区的极强度脆弱冻土。

东北地区降雪量呈增加趋势。1961—2017 年，东北地区的降雪量、降雪强度增幅分别达 1.93 mm/10a、0.11 mm/10a，但降雪日数明显减少，平均每 10 年减少了 2.08 d；而积雪覆盖率以每年 0.22% 速率增长，即积雪面积每年增加 22.57 km^2。

3.3.2　华北地区

华北区域为我国典型的气候脆弱区，也是人口与资源、环境矛盾较为突出的区域。由于华北地处季风北缘，地理位置和地形特殊，造成气候敏感，生态脆弱。夏季高温多雨，冬季寒冷干燥，降水量的年内和年际变化都大，易旱且涝，极端干旱和洪涝灾害时有发生。

3.3.2.1　气温、降水与水资源变化

1961—2017 年，京津冀地区年平均气温每 10 年升高 0.33℃，升温速率明显高于全球平均和全国平均。华北年降水量以每 10 年 3.2 mm 的速率减少。华北雨季开始日期呈延后变化趋势，雨季长度变短（1.7 d/10a），雨季降水量减少（8.2 mm/10a）。

作为华北地区地表水的主要来源，海河流域的降水量和径流量呈现减少趋势。自 20 世纪 70 年代以来，径流的减少快过降水的减少，夏季降水量的减少是导致海河流域地表径流量减少的原因之一，但与气候变化相比，人类活动对于径流减少的贡献更大。

受气候变化和不合理人类活动的影响，京津冀水资源从 20 世纪 80 年代前的 291 亿 m^3 锐减至 21 世纪的 166 亿 m^3。另外，气候变化导致京津冀降水的极端性增强，北京和天津百年一遇小时雨强缩短为 70 年一遇；北京日雨量超过 150 mm 的降水有 46％发生在近 20 年；河北超过 250 mm 的降水有 42％发生在近 20 年，导致城市内涝灾害风险增大。

3.3.2.2　城市（群）发展的气候效应

随着城市的快速发展，京津冀“城市热岛效应”（专栏 3-3）凸显。近 40 年来，北京、天津、石家庄平均热岛强度分别为 1.26℃、0.9℃、0.75℃。强热岛面积增加主要发生在超大城市，北京、天津强热岛区之间的最短空间距离从 1994 年的 94 km 逐步缩减到 2014 年的 52 km。未来，存在形成“京津区域热岛群”的可能。城市化是导致城市极端高温呈现上升趋势的重要因素，自 20 世纪 80 年代以来，随着北京城市热岛强度增强，市区高温日数多于近郊和远郊。

专栏 3-3 城市热岛效应

城市热岛效应是指城市中的气温明显高于外围郊区的气候现象，主要是因为城市内大量的人工发热、建筑物和道路等高蓄热体及绿地减少等因素，造成了城市“高温化”。在近地面温度图上，城区的温度高于外围郊区的温度，就像突出海面的岛屿，所以被形象地称为城市热岛。

城市热岛效应使空气从郊区到城区形成热岛环流，在夏季水汽充足的情况下有助于云雨和强降水过程的形成；而在冬天水汽减少的情况下又不利于雨雪形成，且城区近地面空气相对湿度明显低于郊区，形成“城市干岛效应”。此外，受城市建筑群和粗糙地面的影响，城区的近地面风速低于郊区，不利于空气中污染物的扩散。

热岛强度指的是热岛效应中两个代表性观测点的气温差值。其中，一个观测点在中心城区，另一个观测点在城郊，气温差值越大，说明热岛强度越大。

1980—2010 年，城市地表特征变化使北京、天津和唐山地区 50 mm 以上等级降水量的百分比下降了 6% ～ 20%，而下风向地区则增加了 8%。虽然北京地区的年降水量在逐年增少，但自 20 世纪 80 年代快速城市化以来，暴雨危险性却逐年增加。

华北地区大气环境容量显著减小，20 世纪 60—70 年代相对较高，80—90 年代大幅下降，21 世纪 10 年代降至 1961 年以来最低。2010—2015 年，京津冀城市群 $PM_{2.5}$ 浓度整体呈上升趋势，城区的浓度相比于周围郊区和农村平均高 10 ～ 20 μg/m^3。风速风向、气温、人口密度、地形以及第二产业是造成京津冀大气污染的主要内、外因素。自 20 世纪 70 年代以来，京津冀地区风速呈现整体下降趋势，平均每年下降达 0.014 m/s，同时大风日数也在下降。其中，冬、春季节尤为明显，不利于京津冀地区大气污染物的扩散，严重影响冬半年空气质量。

3.3.3 华东地区

华东地区地处我国东南沿海，包括上海市、江苏省、浙江省、安徽省、山东省、江西省和福建省。该区大多属亚热带季风型气候并具有海洋性气候特点。其主要气候特点为全年气候温和湿润，雨量充沛，风的季节性变化明显，寒暑交替，四季分明：春季多雨，夏季闷热，秋高气爽，冬季湿冷。华东地区的气候以淮河为分界线，淮河以北为温带季风气候，以南为亚热带季风气候，雨量集中于夏季；冬季北部常有大雪，通常集中在江苏省和安徽省的中北部地区以及山东省境内。

3.3.3.1 气温、降水变化

1924—2017 年，华东区域呈现显著增温趋势，增温幅度为 1.0 ～ 2.6℃。中部的长江下游地区（4 个百年代表站：九江、芜湖、南京、上海）平均增温率达 0.17℃ /10a。其中，上海徐家汇站增温率最大（0.26℃ /10a）；北部（2 个百年代表站：青岛、济南）和南部（2 个百年代表站：厦门、福州）平均增温率相当，均为 0.15℃ /10a，低于长江下游百年气温变率。

华东百年经历了“冷—暖—冷—暖”四个阶段，但是各阶段长短不同。1930 年之前和 1950—1980 年分别为两个“冷时段”，1930—1940 年和 1990 年以后分别为两个“暖”时段。1990 年以后的增暖不仅是平均温度的升高，还呈现暖年增多、冷年减少的特征。

华东百年降水总体增加，呈现由变干转为变湿的变化特征。1960 年，华东南部和中部长江下游降水开始增加，1980 年，华东北部降水开始增加，1961—2017 年，华东地区平均年降水量以 29.1 mm/10a 的线性趋势显著增加。最近 30 年，是华东区域百年来降水增加最多的 30 年，尤其是 21 世纪以来，气温和降水增加显著，华东区域百年站呈现暖湿特征。

3.3.3.2 平均风速变化

华东绝大多数地区的风速都在显著降低，且北部地区风速降低总体上快于南部地区。1961—2017 年，华东地区年平均风速以每 10 年 0.2 m/s 的线性趋势显著降低。就年代际变化而言，平均风速在 20 世纪 60 年代最高（2.9 m/s），而在 2011—2017 年最低（2.0 m/s）。在过去的 57 年间，华东年平均风速共降低了 0.11 m/s。气候变暖会引起南北气压梯度变小，进而导致风速总体下降。此外，观测到的地面风减弱主要是由于我国东部地区城市化进程引起的台站观测区下垫面变化所致，且风力下降强度与城镇化节奏密切相关。

3.3.3.3 高影响天气气候事件变化

1961—2017 年，华东区域年平均高温日数和酷暑日数增加，低温日数明显减少；暴雨日数、年最大日降水量和 1 h 降水量显著增多；年大风日数和年最大风速明显减小。华东区域无降水日数明显增加，最长连续无降水日数略减少。

从空间分布的变化来看，除山东高温日数没有明显变化外，华东其余各地的高温日数均显著增加；低温日数除安徽、江西个别站点呈现增长外，其他地区低温日数均明显减少。暴雨日数、年日最大降水量和最大 1 h 降水量均呈现出“北部减少、

中部和南部增多”的变化趋势。绝大部分地区的大风日数和年最大风速显著减少。年雾日数具有北部增加、南部减少的反向变化趋势，并在秋冬季节表现得较明显。无降水日数变化趋势不一致，上海、浙江东北部和安徽南部的部分地区减少，其他大部分地区增加；从最长连续无降水日数来看，山东北部、江西大部、福建大部地区增加，其他地区减少。

3.3.4 华南地区和粤港澳大湾区

华南区域（广东省、广西壮族自治区、海南省）地处热带和亚热带，濒临南海，经济发达，人口集中，战略设施多，是气候变化影响的敏感区和脆弱区。粤港澳大湾区包括广东省珠三角地区的九个城市及香港特别行政区和澳门特别行政区，与纽约、东京和旧金山并列为全球四大湾区，是国家建设世界级城市群和参与全球竞争的重要空间载体。大湾区为亚热带季风控制区，地处沿海和河口位置，水系发达。在海陆共同作用的影响下，自然环境和生态条件多样复杂，在多方面直接或间接地受气候变化的影响。

3.3.4.1 城市热岛与高温热浪

1961—2017 年，华南区域年平均气温升温速率约为 0.17℃ /10a，低于全国同期平均升温速率（0.22℃ /10a）。粤港澳大湾区内热岛强度呈逐年增强趋势。珠三角地区年平均热岛强度从 1988 年的 0.1℃上升到 2014 年的 1.8℃。1994—2014 年，珠三角城市群地表热岛强度大于 3.0℃的热岛总面积从 6 km^2 剧增至 4 812 km^2。热岛效应导致香港城市地区气温在 1970—2015 年平均比农村地区高 0.87℃。

大湾区内的主要城市都已出现明显的热岛效应。从空间上看，热岛强度总体上呈中间高、四周低的空间格局，并且珠江口两岸广州、佛山、中山、东莞、深圳及香港西北部已形成一个相连的、大范围分布的半环状“U 型”热岛群。早期（2000 年、2008 年），珠江口东岸地区热岛强度高于西岸，广州—佛山、深圳—香港两个热岛带尤为显著；近期（2016 年）随着城市用地扩张迅速，珠江西岸热岛强度增加较快，甚至高于东岸地区。大湾区内热岛强度呈较明显的季节变化规律，冬季最强，夏季最弱。

3.3.4.2 暴雨洪涝

1961—2017 年，华南区域年降水量变化趋势不显著。大湾区年平均降水量达 2 200 mm，但主要集中在夏季，占全年降水量的 72% ～ 88%。大湾区城市群人口密集，经济增长迅速，对水资源需求大，人均水资源量低。

1961—2015 年，广州地区约 90% 的暴雨发生在汛期，暴雨频次呈增加趋势，20 世纪 50 年代每年平均暴雨次数为 5.5 d，到 2000—2009 年攀升至 8.7 d；同时，暴雨强度增加，近 20 年来增幅达 9%。根据香港 1885 年开始的降水观测数据，1 小时、2 小时和 3 小时极端降水发生频率显著增加，极端降水对年总降水的贡献增加显著，平均每 10 年增加 22 mm，1 小时降水量超过 100 mm 的重现期从 1900 年的 37 年锐减至 2000 年的 18 年。2020 年 5 月 20—22 日，广州、东莞、深圳、佛山、汕尾、惠州等地出现大范围大暴雨过程，黄埔大桥 1 小时雨量达 167.8 mm，东莞东城最大 3 小时雨量 351 mm，破当地历史纪录。

3.3.4.3　台风与海平面上升

1961—2018 年，登陆我国的台风个数无明显线性趋势，登陆珠三角地区的台风频数则总体呈下降趋势，但近年来登陆粤港澳大湾区的台风对经济社会造成了较大影响。例如，2016 年的台风“妮妲”、2017 年的台风“天鸽”、2018 年的台风“山竹”，均造成了严重的经济损失。

珠江口与全球、中国沿海一样，都存在海平面加速上升趋势，且珠江口的海平面上升速率高于全球平均及中国沿海平均上升速率。海平面上升除了会加剧台风风暴潮危害，还会造成大湾区咸潮入侵和海岸侵蚀。

3.3.5　华中地区

华中区域包括河南、湖北、湖南三个省，位于我国中部、长江中游和黄河中下游地区，起着承东启西、连通南北的重要作用，是我国重要的粮食生产基地，水资源丰富，河流、湖泊水库和湿地众多。该区域位于我国南北气候过渡带，气候复杂多变，暴雨、干旱、高温等气象灾害及其次生灾害发生频繁。

3.3.5.1　气温、降水变化

1907—2017 年，区域气温总体经历了“暖—冷—暖”的变化过程，呈显著升温趋势，升温速率为 0.06 ℃ /10a。1961—2017 年，区域年平均气温升温速率为 0.18 ℃ /10a，升温速率低于全国平均。

年降水量具有明显的年代际变化特征，但降水日数减少，降水强度增加。长江中游入出梅时间变化不明显，梅雨长度缩短，梅雨和秋雨强度略有增加。1961—2017 年，区域年降水量变化趋势仍然不明显，但是地区、季节有差异。豫中西部、鄂西南大部、鄂北中部和湘东南南部呈减少趋势，鄂东和湖南大部呈略增加趋势。

3.3.5.2　极端事件的变化

1961—2017 年，华中区域日最高气温 ≥ 35℃的高温日数和暖夜日数分别以 3.7 d/10a、9 d/10a 的速率显著增多；自 20 世纪 90 年代以来，极端高温事件频发，2013 年华中区域发生了最严重极端高温事件，区域平均高温日数达 38 d，较常年均

值偏多 20 d。近 20 年来特旱和重涝事件增多，历史上特旱和重涝日数最多的 10 年近半都发生在该时段内。

1981—2017 年，华中区域不同阈值的最大小时雨强频次呈明显的年代际变化特征，雨强最大的区域位于河南中东部、湖北中东部。

3.3.6 西北地区

西北干旱区包括新疆全境、甘肃中北部、河西走廊、陕西北部、宁夏中北部和内蒙古中西部地区的干旱、极干旱和半干旱区，土地面积约占中国总土地面积的 25%。境内有高山、平原、盆地，地形高度差较大；有沙漠、绿洲、戈壁，地貌特征多样化。西北干旱区降水稀少、水资源匮乏、植被覆盖率较低，生态系统极其脆弱，是我国的主要荒漠区，也是生态环境最敏感的区域。

3.3.6.1 气温、降水变化

自 20 世纪 60 年代以来，西北干旱区气候主要表现为暖湿化特征，由于水汽来源匮乏，局地水汽循环对降水的贡献较大。1960—2010 年，年降水量呈增加趋势，平均每 10 年增加 6.1 mm；山区的降水增加最大，而干旱区东部、沙漠腹地及周边地区有下降趋势。1961—2010 年，年平均气温增加速率为 0.37℃ /10a，冬季增温最明显，夏季增暖缓慢；增温趋势最大区域主要在伊犁河谷、塔城等地区，而天山中部及沙漠周边地区增暖趋势不明显。

3.3.6.2 冰川、积雪变化

天山作为“中亚水塔”，是新疆河流的主要发源地。天山山区共有冰川 18 117 条，面积达 14 231.52 km^2。随着全球气候变暖，自 20 世纪 70 年代以来，天山山区冰川退缩速率呈明显加速趋势，尤其以天山外围、人口密集的相对较低海拔区冰川对气候的变化较为敏感，退缩速率主要为 0.38% ～ 0.76%/a。天山各地区冰川退缩趋势存在不一致性。其中，东天山冰川退缩速率为 0.05% ～ 0.35%/a；西天山冰川面积退缩速率达 0.4%/a；北天山卡拉塔尔（Karatal）河流域冰川退缩速率高达 0.81%/a。按照目前趋势估算，未来的 20 ～ 40 年，天山北麓诸河流域上游的小型冰川将趋于消失，而整个天山地区约 98% 的冰川为小型冰川。

2001—2015 年，天山山区雪线整体呈波动上升趋势，速率达 276 m/10a。其中，以天山南坡最为明显，速率达 311 m/10a；天山北坡的速率为 144 m/10a。同时，天山山区积雪覆盖面积和雪深总体呈减少和下降趋势，但不同区域的变化趋势并不一致。如南天山和东天山的积雪深度呈现增加趋势。

祁连山冰川融水是河西走廊灌溉区的重要水资源。祁连山共有冰川 2 684 条，面

积 1 597.81±70.30 km^2，冰储量约 84.48 km^2，占中国冰川总面积的 3.09%。随着全球气候变暖，祁连山冰川总体呈萎缩状态，冰川面积和储量减少幅度呈山地南坡大于北部、东侧大于西侧的特征。1956—2010 年，祁连山冰川面积共减少 420.81 km^2。其中，海拔 4 000 m 以下山区冰川已完全消失，海拔 4 500 m 以下冰川损失率均大于 50%，随着海拔上升，冰川面积变化百分比逐渐下降，海拔 5 500 m 以上区域冰川面积基本没有变化。

2001—2017 年，祁连山积雪范围整体呈现减少趋势，年均减小 0.02 km^2。夏冬季节积雪范围减少趋势大于春季，秋季呈略增加趋势。

3.3.6.3　内陆河变化

西北干旱区的河流除额尔齐斯河流入北冰洋外，几乎所有河流都是内陆河，发源于山区，最终消失于沙漠或汇集于洼地形成尾闾湖。

塔里木河是中国最大的内陆河，流域属典型的温带大陆性气候。在全球气候变暖的背景下，塔里木河流域呈现气温升高、降水递增的趋势。1961—2014 年，塔里木河流域实际蒸散发量总体呈显著增长趋势（10.6 mm/10a），塔里木河流域三源流（阿克苏河、叶尔羌河、和田河）径流在 1959—2016 年显著增加。塔里木河流域主要由冰川融雪和降水补给，虽然降水量和冰川融水的增加在不久的将来保持了原始地区的充足径流，但从长远来看，该地区的水资源仍面临严重问题。

河西走廊是西北干旱区典型的资源性缺水地区，也是气候变化极度敏感区。1961—2016 年，河西走廊三大内陆河流域——石羊河流域、黑河流域、疏勒河流域，从东到西气候变暖的幅度逐步减小，年降水量增幅从东到西逐步增加。增暖速率分别为 0.45℃ /10a、0.36℃ /10a 和 0.19℃ /10a，年降水量增加速率分别为 1.6 mm/10a、4.0 mm/10a 和 8.1 mm/10a。受气候变化和不合理人类活动的影响，水资源已成为该地区经济社会发展的关键制约因素，地域上呈现东部河流年径流量变化不明显，而西部河流年径流量增加，径流增多的主要原因是气候变暖导致的冰雪消融加速和降水明显增多。

3.3.7　西南地区

西南区域（四川、重庆、贵州、云南和西藏）地处中国地势的第一、第二阶梯，以高原、山地和盆地为主。气候类型多样，盆地为亚热带季风气候区。云贵高原为亚热带高原气候区，青藏高原划分为高原寒带、高原亚寒带、高原温带、亚热带山地和热带山地气候。西南地区地域辽阔，地形复杂，是气候变化敏感区和生态环境脆弱区，也是我国重要的生态屏障区。西南区域在我国的经济社会发展中的地位和作用十分重要。

3.3.7.1 气温、降水变化

1961—2017 年，西南区域年平均气温增温速率为 0.16 ℃ /10a，低于全国同期平均升温速率（0.22 ℃ /10a），远高于全球近百年平均升温速率（0.07 ℃ /10a）。2001—2017 年为 20 世纪 60 年代以来最暖的一个时段。西南大部地区年平均气温增温速率在 0.1 ～ 0.3 ℃ /10a，高原地区增温最快。

1961—2017 年，西南区域年降水量的下降速率为 9.4 mm/10a，阶段性变化特征为前多后少。从空间分布看，东部变干而西部变湿，四川盆地和云南大部、贵州西部和重庆东部呈减少趋势，川西高原、攀西地区和盆地东北部、西藏大部以及贵州东部为增加趋势。

3.3.7.2 极端事件

1961—2017 年，西南区域暴雨日数和暴雨量分别以 0.02 d/10a 和 11.7 mm/10a 的速率增加，暴雨强度没有明显变化趋势。从空间分布来看，西藏大部、川西高原、重庆大部和贵州大部暴雨日数、暴雨量和暴雨强度呈现增加趋势，四川盆地西部、云南西北部和东南部则为减少趋势。

1961—2017 年，西南区域的暖夜日数、暖昼日数、极端最高气温、高温热浪日数、高温热浪强度等均呈显著升高 / 增强的趋势。其中，极端最高气温的升温率为 0.23℃ /10a，≥ 35℃高温日数的增加率为 0.88 d/10a。1961—2017 年，西南区域冷夜日数、冷昼日数、低温日数均呈显著减少的趋势。极端最低气温和最大降温幅度则出现增加的趋势，增加率分别为 0.34 ℃ /10a 和 0.3 ℃ /10a。

3.3.7.3 西南冰冻圈

西藏冰川面积总体呈退缩趋势。1973—2016 年，普若岗日冰川面积减少了 79.93 km^2，平均每年减少 1.78 km^2。青藏高原积雪日数和积雪深度变化存在季节性差异。在过去的 60 年，冬春季节积雪日数和积雪深度先增加后减少，总体上呈弱的负趋势，但夏季和秋季减少明显（-3.5±1.2 d/10a）。2000 年以后，青藏高原西北与东南地区积雪日数变化趋势截然相反，西北部积雪日数增加，东南部减少；积雪日数和雪水当量在高海拔地区下降更为明显。

随着气候变暖，青藏高原表层土壤冻融循环变化显著。冻土从偏冷状态向偏暖变化，偏冷冻土类型向高海拔移动。青藏公路沿线（昆仑山垭口至两道河段）多年冻土区 10 个活动层观测场监测结果显示：1981—2018 年，活动层厚度呈显著增加趋势，平均每 10 年增厚 19.5 cm；观测区平均气温呈明显上升趋势，升温速率达到 0.68 ℃ /10a。与此对应，多年冻土深层显著升温，2004—2018 年，活动层底部温度呈现出明显的上升趋势，平均每 10 年升高 0.49℃。受区域持续增温的影响，活动层近年表现出增厚加快的特点，多年冻土退化明显。

西藏中东部地区 15 个气象站点季节冻土最大冻结深度监测结果显示，1961—2018 年，季节冻土最大冻结深度总体呈减小趋势，平均每 10 年减小 6.6 cm；且阶段性变化特征明显，20 世纪 60 年代至 80 年代中期，最大冻结深度以较大幅度的年际波动为主，自 80 年代末以来呈显著减小趋势，自 1998 年以来持续小于常年值。

3.3.7.4　湖泊、江河

1960—2015 年，青藏高原湖泊总面积增加了 15%，大于 1 km^2 的湖泊的数量增加 16%，新出现湖泊 42 个，高原湖泊总面积由 40 126±1 022 km^2 增加至 47 366±486 km^2。其中，20 世纪 60 年代至 90 年代中期，青藏高原湖泊数量和面积呈减少趋势，但在 1995—2015 年快速增加。

随着湖泊面积变化，湖泊水位和水量出现相应变化。2003—2009 年，高原 74 个大湖水位平均上升率为 0.21 m/a。高原湖泊水量从 1976 年到 1995 年呈减少趋势，从 1995 年以来呈增加趋势，增加的湖泊水量主要集中在青藏高原的中部和北部。湖泊水量的变化主要受降水影响。湖泊的面积变化与区域降水年代际变化相当一致，表明降水是贡献于湖泊水量增减的主体。此外，也不排除冰川融化是一些湖泊水量增长的主要原因。

青藏高原的河流径流变化也明显受降水影响。20 世纪 80 年代至 21 世纪初，青藏高原东北部径流具有下降趋势。2003—2014 年，青藏高原相对干旱流域（长江、黄河、澜沧江上游）径流增加。其中，黄河源区（唐乃亥水文站以上流域）的径流变化趋势与长江源区类似，但径流增加出现得更早，而湿润流域（怒江上游、雅砻江）径流减少，这与降水的空间变化基本一致。

青藏高原东南部诸河地表水资源 1961—2018 年总体呈减少趋势，但近年来多有所回升。其中，长江源区直门达水文站流量在 1990—2004 年呈现递减趋势，2004 年后径流量呈增加趋势。澜沧江源区昌都水文站径流量在 1961—2007 年整体呈现减少趋势，但在 2003—2014 年增大。怒江道街坝站径流量在 20 世纪 80 年代末期以前总体呈减少趋势，之后呈增加趋势。雅鲁藏布江流域奴下站径流量在 1956—2000 年总体呈减少趋势，2000 年以来逐渐回升。降水是各大流域径流量演化的主要驱动因子，但冰川后退也在一定程度上影响径流量的变化。

思考题：

1. 简述中国气候的主要特点及主要气候类型。
2. 简述近百年中国气候变化的主要特点。
3. 简述中国极端天气气候事件的变化特点。

第4章

气候变化原因

自然因素和人类活动是引起气候变化的两大类原因。前者包括了太阳活动的变化、火山活动等外强迫以及海气相互作用、陆地相互作用等气候系统内部变率；后者指的是人类燃烧化石燃料以及毁林引起的大气中温室气体浓度的增加、大气中气溶胶浓度的变化、土地利用和陆面覆盖的变化等。尽管这些因素都在影响着地球的气候，但不同时间尺度和空间范围影响的因素的程度是有所不同的。

4.1　全球气候变化的主要原因

研究引起地球气候系统发生变化的原因非常重要，这不仅涉及知识性认识，也涉及科学方法问题（专栏4-1）。

专栏4-1　气候变化检测归因

气候变暖的原因是目前国际上的一个争议焦点，代表国际主流思想的历次IPCC评估报告均认为人类活动的影响是全球变暖的主要原因。其中，包括温室效应加剧使气候变暖，而气溶胶的直接和间接影响则抵消了一部分变暖。但是，从 20 世纪末至今对气候变暖持怀疑观点的科学家，仍然不断对气候变暖的原因提出质疑，所以气候变暖的归因研究是国际上的热门问题。气候变化检测归因的核心内容是识别人类活动、自然强迫和气候系统内部变率对气候变化的相对贡献。气候变化归因（Climate-Change Attribution）是一种气候统计技术，通过归因研究，在一定的置信度水平上（有统计意义的）确认检测到的气候变化的最可能成因，量化人为和自然强迫对气候变化的相对贡献。

4.1.1 影响全球和区域气候变化的因素

气候系统因其内部各圈层的相互作用以及受到来自外部因子（又可称为强迫）的影响，而不断地随时间发生演变（渐变与突变），而且具有不同时空尺度的气候变化与变率（月、季节、年际、年代际、百年尺度等气候变化与振荡）（表 4-1）。气候系统内部子系统之间的相互作用和反馈，是形成年际、年代际、世纪以及千年尺度变率的重要原因。外部强迫因子是指在气候系统之外引起气候系统变化的强迫因素。如自然的火山爆发、太阳活动的变化和人类活动引起的大气成分的改变，以及土地利用的变化，外部强迫也是造成气候系统年代际到万年尺度变化的重要原因。

表 4-1 气候变化的时间尺度及原因

气候变化	时间尺度 / 年	温度变化幅度 /℃	气候变化主要原因
1. 地质时期 大冰期—大间冰期 间冰期—冰期	1 万～ 10 亿年	10	太阳变化、地球轨道参数变化、大陆漂移、造山运动、极移、火山活动
2. 冰后期（历史时期）	100 ～ 1000 年	1 ～ 2	太阳辐射、火山活动
3. 现代气候变化（近百年）	10 ～ 100 年	0.5 ～ 1	太阳辐射、火山活动、人类活动
4. 气候振荡（年际）	1 ～ 10 年	1 ～ 2	气候系统内部的相互作用
5. 气候异常（月际）	月～年	3 ～ 5	大气环流异常

另外，引起气候系统变化的原因也可以按照自然因素和人类活动因素分为两大类，前者包括太阳活动的变化、火山活动等外部强迫，以及海气相互作用、陆地相互作用等气候系统内部变率；后者包括人类燃烧化石燃料以及毁林引起的大气中温室气体浓度的增加、大气中气溶胶浓度的变化、土地利用和陆面覆盖的变化等。

在引起气候变化的自然因素中，太阳的影响表现在两个方面。一是地球轨道参数的变化，改变了地球与太阳的相对位置，导致地表辐射随纬度与季节的分布变化很大；二是太阳的周期性或非周期性变化，在其活跃时期太阳的黑子数量增多、射出辐射增强、磁场活动和高能粒子发射强烈，引起地球温度发生变化。火山影响主要表现在其爆发后的火山灰尘幕（火山活动喷发出的大量熔岩、烟尘、二氧化碳、硫化物气体和水汽等）可以影响大气透明度，引起直达辐射的减弱，导致全球性气温降低。气候系统内部的自然过程，包括大气的动力、热力过程引起的内部变率和耦合强迫（如海洋或陆面过程强迫等）变率变化。如热带太平洋海气相互作用引起的厄尔尼诺-南方涛动（ENSO）事件可能导致全球很多地区气候发生变化。

影响气候变化的人类活动主要包括大量温室气体［二氧化碳（CO_2）、甲烷（CH_4）、氧化亚氮（N_2O）、含氯氟烃等］和气溶胶（黑碳、有机碳、工业烟尘、粉尘和其他颗粒污染物等）的排放、土地利用的变化（大量砍伐森林，草原和农田退化等）以及人口的增长和城市化、污染等。工业化以来全球气候变暖的成因主要和人类活动导致的温室气体排放有关。大气中的黑碳、硫酸盐、硝酸盐和铵盐气溶胶主要来源于人为排放，人为气溶胶的气候效应较为复杂，尤其是气溶胶—云相互作用具有极大的不确定性。人为活动造成土地覆盖和土地利用变化，其中最主要的是以牺牲自然生态系统为代价扩大农田和牧场，这些影响较为不确定且很难量化。此外，近几十年来大规模的城市化导致了建筑面积的急剧扩张和耕地的流失，通过城市冠层效应和人为热释放造成局部增暖，进而影响区域气候变化。

与全球气候变化相比，区域气候变化的空间尺度范围更小，大到一个洲，小到一个国家的某个地区，其研究对象更侧重于该地区内的特殊气候变化问题。例如，影响中国气候的因子众多，其相互关系也非常复杂。影响因子主要有东亚季风系统（专栏 4-2）、大气涛动和遥相关、ENSO、太平洋年代际振荡、印度洋偶极子、暖池、极冰、积雪、土壤湿度、地温、植被等自然因子，也有人类活动的非自然因子。这些因子可按照所在方位划分为五大类，分别来自中国的东、西、南、北、中五个方向。东面主要是来自海洋的影响，反映赤道太平洋和暖池海温异常（ENSO 现象和热带对流活动异常）（专栏 4-3）；西面主要是来自青藏高原的影响，反映高原积雪的热力作用和中高层大气高度场异常；南面主要是来自季风的影响，反映赤道辐合带、热带和南半球环流异常；北面主要是来自中高纬度环流系统的影响，反映中纬度西风急流、阻塞高压和冷空气活动等的影响；中间主要是来自副热带高压的影响，与中国气候，特别是季风雨带关系密切。其他地理位置更远的因子，诸如北极海冰、大西洋海温、南印度洋—南太平洋的越赤道气流等，会通过影响上述五个方面的因子对中国气候产生间接影响，这种间接影响也叫遥相关。

专栏 4-2　东亚季风系统

对中国气候有显著影响的大气环流系统主要有东亚季风，包括夏季风和冬季风。东亚夏季风系统主要包括西北太平洋副热带高压、南亚高压、季风槽（南海—西北太平洋的热带辐合带）、澳大利亚高压、热带东风急流、低空的马斯克林高压、索马里越赤道气流等。夏季风系统中任何成员的强弱、位置，均可影响到整个系统的变化，从而影响夏季风的强弱和进退，进而影响中国大范围的气候异常，并因此带来旱涝等灾害的发生。

在北半球冬季，大陆表面较海平面气温低，形成冷高压，而海洋较大陆气温高，形成热低压，海陆的热力对比在两者之间形成了大气压力差，由此产生的气压梯度使得气流从高压向低压流动，即气流从陆地向海洋流动，于是形成冬季风。因此，我国冬季大部地区盛行偏北风。当冬季风活跃时，来自西伯利亚和蒙古一带上空的冷高压中心的干冷空气频繁爆发南下，使得气温急剧下降，容易使中国出现寒潮天气。

专栏 4-3　厄尔尼诺-南方涛动

厄尔尼诺-南方涛动（El Niño-Southern Oscillation，ENSO）是发生于赤道东太平洋地区的风场和海面温度震荡现象，具有 2 ～ 7 年的准周期。

厄尔尼诺事件发生时，南美沿海国家易遭受暴雨洪涝灾害，北美易出现暖冬，印度尼西亚、澳大利亚东部、非洲东南部等地易出现干旱等；拉尼娜出现时，易造成澳大利亚、印度尼西亚、东南亚等地出现异常多的降水量；使非洲西岸及东南岸和东北亚地区出现寒冷气候；美国西南部和南美洲西岸则会变得异常干燥；拉尼娜还会使大西洋飓风活动明显增加。

ENSO 对于中国气候的影响通常表现为：厄尔尼诺事件发生时，青藏高原冬、春季容易多雪；中国夏季主要雨带位置偏南，华北雨季偏弱；秋、冬季降水北少南多，春季大范围多雨；温度变化表现为暖冬凉夏；台风和沙尘偏少。当拉尼娜事件发生时，青藏高原冬、春季容易少雪；中国夏季主要雨带位置偏北，华北雨季偏强；秋、冬季降水北多南少，春季大范围少雨；温度变化表现为冬冷夏热；台风和沙尘偏多。

4.1.2 古气候变化的主要原因

古气候的变化是由自然原因造成的，主要涉及宇宙环境、太阳活动、地球轨道参数、大气环流、海洋环流、海气耦合变化及地球自身运动等。不同时期气候变化的原因各不相同，具体的原因需要具体分析。

地球自46亿年前形成以来，一直都处于变化中，这种变化的尺度有大有小，大者跨越的时间尺度超过数十万年，空间尺度变化也对气候有着很大的影响，其中就包括大陆的漂移。大陆漂移及板块运动导致了从古至今不同的地形特征，如青藏高原的崛起等，对全球或区域气候变化产生了重要影响。

根据米兰科维奇循环理论，近几百万年由于地球轨道参数的变化，气候具有周期为10万年左右的冰期—间冰期（较暖和）的循环。这种自然的轨道强迫可在几千年时间尺度上影响关键的气候系统（如全球季风、全球海洋循环、大气温室气体浓度等）。

太阳变率和火山活动很可能是过去1 000年中在工业化时代开始之前气候变化的主要原因。近几十年的观测表明，太阳的输出能量以11年的周期发生着轻微的变化（变化幅度接近0.1%）。由于气候系统所有的能量基本上都来自太阳，所以太阳能量输出的变化被认为是导致气候变化的一种辐射强迫，而太阳黑子和耀斑等太阳活动的变化改变了太阳的辐射。火山爆发主要是通过喷发大量的硫化物气溶胶以及火山灰而对气候产生影响，它们能强烈地反射太阳光。因此，强火山爆发后数年内一般会出现全球范围的降温，其降温幅度在0.3～1.0℃。例如，1991年6月，菲律宾的皮纳图博火山爆发持续了2～3年时间，是20世纪最强的一次火山爆发，造成全球0.5℃左右的降温，使连续增暖的全球温度曲线上呈现出一段明显的回落。

此外，气候系统内部相互作用，尤其是海洋—陆地—大气间的相互作用，也对全球气候产生了重要影响。海洋水体储存了巨大的热能，同时又具有很大的热力惰性和经常的流动性。洋流可以把低纬度和表层的热量传输到高纬度地区和深海区域，也可以把高纬度和深海的冷水输向热带和表层。洋流导致的某一海区甚至全球大洋海洋表层水温变化，可以发生在几十年到几千年时间尺度上。这种海表水温变化可以对区域以及全球气候产生明显影响，造成地表温度上升或者下降，降水分布出现改变。例如，ENSO现象就是由于洋流作用引起海洋表层水温变化，进而引起地球表面气压和大气环流随之变化，从而对全球气候产生重要影响。

4.1.3 近百年全球气候变化的主要原因

近百年全球变暖已是不争的事实，气候系统变暖是毋庸置疑的。近年来，美国国家海洋和大气管理局（NOAA）汇总了全球多家研究机构的资料和研究成果，从不同的方面进行了证实，这些观测记录涵盖了陆地、海洋和大气多达 44 种要素和指标。所有证据均表明，除了全球地表平均温度，整个地球系统也表现出与全球变暖一致性的响应。大气和海洋已经升温，雪量和冰量出现下降，海平面已出现上升。自 20 世纪 50 年代以来，许多观测到的气候系统变化在以前的几十年至几千年期间是前所未有的。然而，近百年来全球地表平均温度的变化并不是直线式上升，而是在上升的总趋势上叠加有短周期和长周期的脉动。这主要是因为影响地球的因子极其复杂，有自然的也有人为的，这些因素共同造成了气候变化呈现着多种时间尺度波动的图像。

根据 2021 年 8 月 9 日 IPCC 正式发布的第六次评估报告第一工作组报告《气候变化 2021: 自然科学基础》，毋庸置疑，人类活动的影响已造成大气、海洋和陆地变暖。大气圈、海洋、冰冻圈和生物圈发生了广泛而迅速的变化。自工业化以来，地球气候正经历着以变暖为主要特征的显著变化，人们越来越认识到，随着人类活动的不断增强，人类活动成为气候变化的主要原因。工业化以来的气候变化几乎不可能用自然强迫和气候系统内部因子的变率来解释。2010—2019 年全球地表平均气温比工业化前（1850—1900 年）增加了 0.9 ～ 1.2℃，远大于自然强迫或者气候系统内部变率导致的变化，而与同期人类活动导致的增温（0.8 ～ 1.3℃）一致。图 4-1 给出了不同因素导致全球温度上升的贡献的定量评估值。其中，温室气体造成的全球平均地表升温很可能在 1.0 ～ 2.0℃，其他人为强迫（主要包括气溶胶的冷却效应）贡献可能在 -0.8 ～ 0℃，自然强迫贡献可能在 -0.1 ～ 0.1℃，自然内部变率的作用可能为 -0.2 ～ 0.2℃。上述贡献的综合大致与该时期观测到的升温是一致的。人类活动导致的气候变化已经影响了全球各地区的天气气候极端事件。自 20 世纪中叶以来，已观测到了许多极端天气气候事件的变化，包括大多数陆地区域的极端低温事件减少减弱、极端高温事件增多增强、极高海平面增多以及一些区域强降水事件数量增加且强度增强，在其中都发现了人类活动的影响。近年来，人类活动对热浪、强降水、干旱以及热带气旋等的影响也越发明显。

人类依赖于自然生存和发展，同时也在不断改变自然环境。人类为了改变生存条件所进行的各类活动，包括燃烧矿物燃料排放温室气体、各种生产活动引起气体污染（大气中气溶胶成分和浓度的变化）、土地覆盖、土地利用变化等人类活动作为气候变化的一个新的驱动力，对气候系统的影响日渐明显。自工业革命以来，人类活动对气候变化的影响已经超过自然因子。自工业化以来，导致全球变暖的最大贡献来自大气温室气体浓度增加。其他强迫（包括对流层和平流层气溶胶、平流层水、太阳辐射等）能导致气候系统年际和年代际变化，但不能解释气候的系统性变暖趋势。

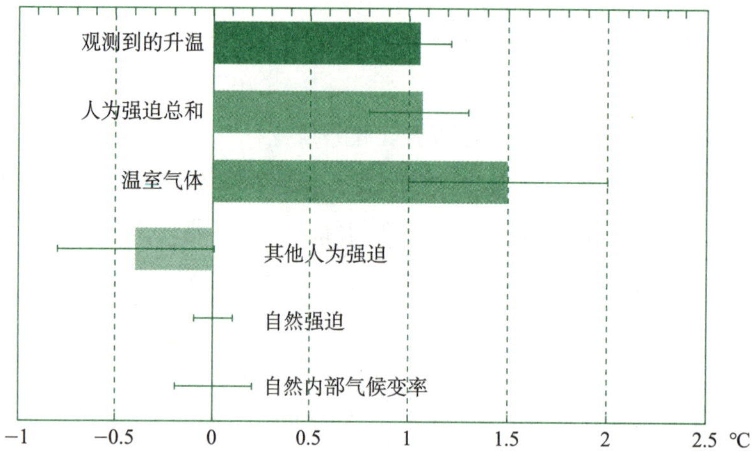

图 4-1 2010—2019 年相对于工业化前观测到的全球温升及评估的各因子贡献

注：观测到的升温以深灰色横条表示，虚线表示 90% ～ 100% 可能性的范围；归因得到的各因子贡献给出了综合人为强迫、混合均匀的温室气体、其他人为强迫（包括气溶胶、臭氧和土地利用变化效应）、自然强迫、自然内部气候变率造成的相对于工业化前的变化趋势的可能性范围（虚线）及其中值（横条）。各因子的贡献（横轴原点右侧表示增温，左侧表示降温）是综合了观测与气候模式模拟的信息（数据引自 IPCC AR6 WG1 SPM，2021）。

从古到今，人们不断对下垫面进行破坏和建设，各种土地利用方式极大改变了全球土地覆被状况，改变了地表反射率、粗糙度和水分循环，直接或间接影响着区域乃至全球的气候，尤其是城市化进程加快产生了包括热岛效应在内的“五岛效应”并形成特殊的城市气候。大气成分的改变对全球气候变化有重大影响，人类活动大量排放的 CO_2、CH_4 和其他微量气体具有明显的温室效应，但烟尘（气溶胶）大量增加可造成阳伞效应，促使云量、降水量和雾霾增加而对地表起到冷却作用，氟利昂等物质的排放可破坏大气臭氧层，使到达地面的紫外辐射增加。人类在生产和生活过程中不断消耗能源并向大气释放了大量废热。工业化以前由于人类活动规模较小，全球气候变化主要由自然因素引起，但工业革命以来由于人类大量排放温室气体、大规模改变土地利用格局等，人类活动越来越成为全球气候变化的主要驱动因素。化石燃料消耗及其他人类活动导致地球大气中 CO_2、CH_4、N_2O 以及含氯氟烃等温室气体和大气气溶胶浓度迅速增加。其中，对气候变化影响最大的人类活动是燃烧矿石燃料，通过这一过程向大气中排放了大量的 CO_2，这是全球温室气体增长的主要来源。就人类排放的 CO_2 而言，绝大部分来自矿石燃料燃烧（加上水泥生产的少量贡献），其余的来自土地利用变化（主要是毁林）。对 CH_4 而言，人类活动（例如养牛、水稻种植、化石燃料利用、垃圾填埋和生物质燃烧）产生的排放超过了自然的排放。对 N_2O 而言，人类活动产生的排放与自然过程向大气中的排放是基本相等的。大多数长寿命的含卤素气体（如氯氟碳化物）都是由人类制造的，在工业化时代以前大气中是没有这些气体的。

4.2　中国气候变化的原因

1901—2020 年，中国区域增温幅度高于全球，地表年平均气温呈显著上升趋势，升温速率为 0.15℃ /10a；总降水量未表现出显著的趋势性变化，但年代际变化和区域差异明显，且降水的类型发生明显改变；持续性高温、极端强降水等极端天气气候事件发生频率增加、强度增强。表 4-2 总结了观测到的中国区域 20 世纪气候变化以及成因，但这些结论缺少归因支撑。近年来，针对中国区域的气候变化归因研究取得了很大的进展，科学家们分析了人为和自然外强迫在中国平均气温、极端气温和强降水的长期气候变化中的相对贡献，研究了人为强迫对包括高温热浪、低温寒潮和强降水等重大极端事件发生概率的影响。

4.2.1　气温变化

人类活动可能对 20 世纪中国区域变暖起了重要作用。近几年来，科学家们定量评估了人类活动与自然变率对中国气温变化的相对贡献。越来越多的研究表明，人类活动对中国区域气温的影响可以被检测到，并可与自然因素分离，人类活动是 20 世纪中期以来全国范围内不同区域、不同季节升温的首要影响因子。近百年来中国区域气候变暖主要和人类活动导致的温室气体排放的影响有关。城市化对中国东部等区域观测的温度也有一定影响，尤其在长三角、京津冀、珠三角等城市群快速发展的地区。在 1961—2020 年观测到的中国气温升温幅度达 0.36℃ /10a，这主要是由于温室气体排放等人类活动，其贡献大约为 85%，城市化过程进一步加剧了升温，而气溶胶等人为因子的冷却作用可以部分抵消温室气体等因素所导致的增温幅度。

4.2.2　降水变化

近年已有研究在中国区域降水中发现了一些人类活动的影响。20 世纪 50 年代以来，中国东部降水有小雨减少而强降水增多的现象，温室气体排放等人类活动强迫对这一降水雨型的变化产生了重要影响。其中，人类活动排放的气溶胶可能是导致 20 世纪 50 年代以来小雨减少的主要原因。人类活动强迫对 20 世纪 70 年代末以来东亚夏季风年代际变化影响下的“南涝北旱”的降水格局有重要作用。其中，温

表 4-2 观测到的中国区域 20 世纪气候变化以及气候模式考虑人类活动影响所做的模拟结果汇总

（摘自《第三次气候变化国家评估报告》）

气候现象	观测证据	考虑人类活动影响的模拟结果	成因分析
表面气温升高	趋势：0.9～1.5℃ /100a 0.6～1.4℃ /50a 分布：中国北方变暖显著；中南部趋势较缓	趋势：0.3～1.6℃ /100a 0.6～1.6℃ /50a 分布：中国北方明显变暖，达到 1.8℃ /100a（40 个气候模式 / 排放情景平均）	20 世纪，中国区域变暖，除了气候的自然化，人类活动可能起了重要作用，但是对于它们的相对贡献需进一步的定量计算研究。 早期受自然变率影响较大，近几十年暖温室气体增加的影响较大；近 30 年快速城市化对同期观测到的部分站点增暖趋势有所贡献，但总体效应不大。
日最低温度变暖	趋势：1.4～1.7℃ /50a	0.7～1.0℃ /50a（12 个气候模式 / 排放情景平均）	与全球温室效应增强的后果相符。
日最高温度变暖	趋势：0.5～1.0℃ /50a	0.5～0.8℃ /50a（12 个气候模式 / 排放情景平均）	模式能再现近 50 年冬春季增暖特征，但没模拟出夏季南方降温。
变暖的更多证据 1	1900—2005 年气温距平≥0.8℃的 12 年中有 8 年在 1994 年以后	1900—2005 年气温距平≥0.8℃的 8 年均在 1994 年以后（7 个气候模式 / 排放情景平均）	参加第五次全球气候模式比较计划的所有模式的结果均表明：未来气候继续变暖主要是由于温室气体的增加，但自然因素（火山爆发、太阳活动和自然系统内部作用等）也影响了全球的气候。未来，要关注这些因素的共同影响，并且不能忽视自然因素在一定时期会减弱或抵消温室气体的增温作用。
变暖的更多证据 2	自 1986 年以来，出现 17 个暖冬，部分地区夏季炎热期加长	自 1986 年以来，出现 12 个暖冬，1993—2002 年出现 9 个暖夏（40 个气候模式 / 排放情景平均）	参加第五次全球气候模式比较计划的所有模式的结果均表明：未来气候继续变暖主要是由于温室气体的增加，但自然因素（火山爆发、太阳活动和自然系统内部作用等）也影响了全球的气候。未来，要关注这些因素的共同影响，并且不能忽视自然因素在一定时期会减弱或抵消温室气体的增温作用。
极端降水和旱涝型	近几十年小雨普减而暴雨有所增，1980 年前后出现“南涝北旱”	1976—2000 年与 1961—1990 年相比，部分模拟结果符合观测（6 个气候模式 / 排放情景综合）	存在相反的模拟结果，说明中国区域降水气候变化成因复杂，有待于更多归因研究。
东亚季风	近 50 年冬、夏季风均减弱	近 50 年季风减弱（1 个气候模式考虑人类排放）	冬季风减弱主要是大气温室气体增多所致北亚大陆急剧增暖的后果；夏季风减弱可能与大尺度变暖格局及气溶胶排放有关。
地面太阳辐射	近 50 年减弱趋势：-3.1W/（m^2•10a）	减弱（3 个气候模式考虑黑碳气溶胶）	
最大风速	1956—2004 年减小趋势：-1.46 m/（10a•s）	平均风速和最大风速及日数略减（气候模式考虑全强迫的结果）	人类排放导致全球变暖，中国寒潮减弱，冬夏季风减弱，温带气旋路径向高纬偏移；城市化则加剧城市站点的风速减弱趋势。
影响中国的西北太平洋编号台风个数	近 50 年减少趋势：-3.9 个 /50a	近 50 年减少趋势为 -3.0 个 /50a（1 个气候模式考虑人类排放温室气体和气溶胶）	

室气体强迫造成了副高西伸加强，增加了水汽辐合，造成了中国南方降水的增多，而人为气溶胶强迫致使夏季风减弱，导致了中国北方的干旱。对于总降水量的变化，目前仍未能清晰地检测到人类活动的信号，仅有部分研究在特定区域能分离出人类活动的影响。

由于降水观测资料的时间空间范围有限、质量不佳和模式模拟的局限性，以及降水内部变率的较强影响，且我国处于气候复杂的东亚季风区，降水长期变化的原因仍存在相当的不确定性，确定为人为强迫和自然变率的相对贡献还有待深入研究。

4.2.3 极端气候变化

我们针对极端温度和降水，从极端气候事件的长期变化和区域性重大高影响极端事件两方面入手，讨论极端气候变化的原因。目前，很难确定某一特定的单个极端事件是否由某一特定原因引起的。这主要有两个原因：一是极端事件通常是由多种因素共同造成的，二是即使气候相对稳定，各种极端事件也会时常发生。因此，科学家们通常采取统计等技术方法，辨识出人类活动等因子对某种极端事件发生概率的影响到底有多大。

4.2.3.1 极端温度的长期变化

自 20 世纪中期以来，随着全球变暖趋势的进一步加剧，中国与温度有关的极端事件发生了显著变化，平均极端最低气温呈明显上升趋势，与低温相关的极端事件强度和发生频率明显减弱；自 20 世纪 90 年代以来，极端最高气温的升温也比较明显。目前，观测到的中国区域极端高温和极端低温升高的主要原因是大气中温室气体浓度的增加，土地利用变化是中国夏季日最高气温上升的重要驱动因子。

自 20 世纪中叶以来，以温室气体排放为主要特征的人类活动是中国区域极端温度长期变化的主要原因，使得中国区域极端高温的强度更强、出现频率更高、持续时间更长，而极端低温日数显著减少。极端暖事件频率呈现显著的增加趋势，且增加幅度强于极端冷事件频率的减小趋势，这些变化也都可以归因于人类活动的影响。近几十年来，大规模的城市化已成为中国区域土地覆盖变化的一个时代特征，人类活动造成的土地利用变化也促进了近年来极端温度的上升。

4.2.3.2 高温热浪和寒潮事件

自 20 世纪 90 年代中期以来，高温热浪事件在中国变得频繁发生，尤其是近几年屡破纪录。如 2013 年盛夏，中国中东部遭受了 1951 年以来最强的夏季高温热浪，2015 年夏季，中国西部（105° E 以西）夏季平均温度、日最高温度和日最低温度的年最大值记录均被打破，温室气体等人类活动极大地增加了类似事件发生的概率。

未来，随着温室气体的持续排放，中国区域将面临温度更高、范围更大以及持续时间更长的高温热浪。热浪强度将随着全球温升呈现幅度更大的线性增加，而热浪发生频率具有更快的增幅。其他影响因子，如气候系统内部变率可以使高温热浪事件的影响进一步加大。例如，大气环流异常所造成的高压脊线偏移、反气旋天气系统是造成高温热浪的重要因素。除了这些因子外，城市化带来的热岛效益也促进了高温热浪的发生。

另一方面，自 20 世纪 50 年代以来，我国寒潮过程频次呈明显的减少趋势，但寒潮强度却未因此衰减，而呈现更为复杂的变化特征。目前，科学家们在寒潮事件中发现了人类活动的影响，指出人类活动使得中国东部冬季类似于 2015 年 12 月至 2016 年 2 月的超级寒潮事件的发生概率大大降低，如果没有人为作用，类似的寒潮事件发生得会更加频繁，且强度可能更大。

4.2.3.3 极端降水的长期变化

自 1950 年以来，我国极端降水与全球变化同步，呈现显著增加、增强的趋势。尤其在 20 世纪 90 年代，极端降水比例趋于增大。全球尺度极端降水的增多、增强趋势可在一定水平上归因于人类活动的影响。但是在区域尺度上，极端降水变化受众多驱动因子的影响，但检测归因尤为困难。气候系统内部自然变率是中国区域降水变化的主要调控因子，主导了中国东部季风区降水变化呈现出“南涝北旱”的分布格局，而 ENSO 事件对中国降水季节变化的影响具有明显的时空差异，在厄尔尼诺衰减年，北方地区的春、夏季极端降水事件偏多；在厄尔尼诺发展年，则是中部地区极端降水事件通常偏少，而次年中国东部地区则更易发生极端降水事件。

即使如此，在中国极端降水的长期变化中，仍可以检测到人类活动的影响。近 50 年来，观测到的日降水分布由弱降水事件向强降水事件的转变主要源于温室气体强迫的贡献，而人为气溶胶强迫部分抵消了温室气体强迫的作用。其中，青藏高原是人类活动影响最显著的区域。我国东南沿海地区极端降水变化对人类活动也较为敏感，人类活动使得该区域内极端降水的变率显著增加，发生洪涝风险明显加大。

4.2.3.4 强降水事件和干旱

随着温室气体排放的进一步增多，人类活动将导致极端降水事件发生的风险显著增大。例如，2016 年夏季发生在长江中下游地区极端强降水事件与 2015/2016 年的超强厄尔尼诺密切相关，自然变率在这次极端强降水事件中扮演了重要角色，但人类活动的叠加使得此类降水事件的发生概率提高。此外，大规模城市化引起的热岛效应能促发局地对流，增加极端强降水的发生频率和降水强度，也促进了部分城市强降水事件总降水量的增加。未来，随着气溶胶和温室气体排放等人类活动的进一步加剧，中国极端降水事件发生的风险将显著增大。其中，西部的变化将最明显，且人类活动对极端降水变化的影响能够被更容易地检测到。

自 1950 年以来，我国的干旱现象呈现增多、增强的趋势。但干旱现象的发生极其复杂，受气候系内部自然变率的影响较大，包括降水、温度、风速等多种因素的共同作用。例如，我国北方地区干旱变化主要受温度影响，而南方地区主要受降水影响，尤其是华北地区，干旱变化亦受到北太平洋年代际振荡、欧亚遥相关、丝路遥相关等的共同作用。在我国干旱发生频次的长期变化趋势中，可以检测到人类活动的影响，气候变暖导致了降水减少、地表蒸发增加，叠加在自然变率作用的基础上加剧了我国干旱事件的发生。未来，气候变化可能会进一步加重中国区域的骤发旱情。自 1700 年以来，中国的土地利用发生了显著变化，主要是森林和草地变为农田（东北部分地区、华北和黄淮平原、四川盆地、河套地区、长江中下游和沿海地带等），森林变为草地和灌木（东北和南方丘陵地区），西北地区草地退化为荒漠或半荒漠。其后果总体来说是造成生态环境恶化，特别是干旱和半干旱地区由于过度开垦或过度放牧，加剧了干旱化及其持续性。

虽然已有研究指出在人类活动的影响下，我国极端强降水和干旱呈现增多、增强的趋势，但关于人类活动直接影响极端降水和干旱变化的证据仍然十分有限。因此，对于区域尺度极端降水、干旱等变化的检测归因研究，是当前气象学界的一大挑战，仍需要开展更多、更深入的研究工作。

思考题：

1. 简述气候变化的时间尺度及原因。
2. 为什么说人类活动是影响近百年全球气候变化的主要原因？
3. 简述人类活动对中国气候变化的主要影响。

第5章 未来气候变化预估

全球气候变暖已是不争的事实，未来气候还将继续变化。那么，未来气候会怎样变化？如何应对气候变化对人类生存环境的挑战？这些都是公众迫切关心的问题。这就需要我们对未来气候变化的趋势做出合理的预估，以便为采取应对措施奠定科学基础，给未来规划和政策制定提供参考。

5.1 未来全球气候变化

对气候变化进行预估，主要基于一系列气候模式和人为强迫情景来模拟。这些情景通常是根据一系列因子假设而制作，对应于未来可能出现的不同社会经济发展状况。IPCC 先后发展了多种情景，其中 RCPs（专栏 5-1）是一种以未定浓度为特征的较常用的气候变化情景，在 IPCC AR5 中使用。

专栏 5-1 气候系统（地球系统）模式

气候系统模式是根据影响地球气候系统的内部和外部因子以及气候系统 5 个圈层（大气圈、水圈、岩石圈、冰雪圈、生物圈）的相互作用和反馈，用数学方法建立起来的表示气候系统状态和变化的数学模型。利用建立的数学模型，通过计算机数值计算，可以模拟多种时间尺度全球和区域气候的形成及变化。地球系统模式较气候系统模式更加复杂，引入了碳循环，从而可以交互式计算大气的 CO_2 或相应的温室气体排放。排放情景的设定又源于对未来社会经济发展的各种情况的假设。社会经济发展情况是影响排放情景的社会经济影响因素，描绘了未来世界发展的各种可能性，包括人口增长、经济发展、技术进步、环境条件（如土地利用等）和社会管理等。

典型浓度路径（RCPs）

典型浓度路径（RCPs）是世界气候研究计划（WCRP）中耦合模式比较计划第五阶段（CMIP5）框架下的一套新情景，被用来进行气候变化模拟，相对于 SRES 情景增加了应对气候变化的各种政策对未来排放的影响。其中，RCP8.5 情景（温室气体高排放情景）表示对温室气体排放不加任何限制，到 2100 年时，空气中的二氧化碳浓度要比工业革命前的浓度高 3 ～ 4 倍，温室气体造成的辐射强迫为 8.5 W/m^2。RCP6.0 情景（温室气体较高排放情景）反映了生存期长的全球温室气体和生存期短的物质的排放，以及土地利用 / 陆面变化，导致到 2100 年辐射强迫稳定在 6.0 W/m^2。RCP4.5（温室气体中等排放情景）和 RCP2.6（温室气体低排放情景）分别表示对温室气体排放采取中等程度和最强程度的限制，到 2100 年引起的辐射强迫分别为 4.5 W/m^2 和 2.6 W/m^2。

5.1.1　大气和地表变化

5.1.1.1　温度

与 1986—2005 年相比，21 世纪近期（2016—2035 年）全球平均地表温度可能升高 0.3 ～ 0.7℃。陆地温度上升要比海洋迅速，在北极地区，冬季的气候变暖将比全球同一时期变暖更快。热带和副热带的季节平均温度和年平均温度的近期上升幅度预计会大于中纬度地区。基于 CMIP5 全球模式的 RCP4.5 情景预估结果，热带地区最早出现变暖信号，中纬度地区出现变暖信号的时间通常要晚 10 年左右。在北非和亚洲，平均变暖信号的出现时间多在夏半年（4—9 月）。一般在较大的空间和时间尺度上，变暖信号会出现得更早。不过，由于各个 CMIP5 模式模拟的变暖信号和自然内部变率的强度都不尽相同，不同模式给出变暖信号的出现时间相差很大，甚至相差可以高达 30 年。2016—2035 年相对于 1986—2005 年的纬向平均温度的变化表现出垂直分布，对流层会升温几度，而平流层会降温几度，并且这种趋势即使在较短时间内也是显著的。在热带对流层上部和北半球高纬度地区会有相对较大的变暖。

目前，人类活动已造成全球升温比工业化前水平高约 1.0℃（0.8 ～ 1.2 ℃）。如果继续以此速率升温，全球升温可能会于 2030—2052 年达 1.5℃。升温 1.5 ℃意味着全球几乎所有地区的平均气温大幅增加，而在 2℃升温下几乎所有陆地气温将继续增高。2081—2100 年与 1986—2005 年相比，全球平均地表温度可能上升 0.3 ～ 1.7℃（RCP2.6）、1.1 ～ 2.6℃（RCP4.5）、1.4 ～ 3.1℃（RCP6.0）、2.6 ～ 4.8 ℃（RCP8.5）（引自 IPCC WGI AR5，2013）。2081—2100 年与 1850—1900 年相比，全球地表温度变化在 RCP6.0 情景和 RCP8.5 情景下升温可能超过 2℃，在 RCP4.5 情景下多半可能超过 2℃，但在 RCP2.6 情景下不可能超过 2℃；在 RCP2.6 情景、RCP4.5 情景和 RCP6.0 情景下升温不可能超过 4℃，但在 RCP8.5 情景下或许能超过 4℃。北极地区变暖速度将高于全球平均，在大西洋经向翻转环流没有出现大幅减弱的情况下，北极地区升温幅度最大；陆地平均变暖幅度将大于海洋。21 世纪末，全球陆地的平均温度变化将可能超过海洋的 1.4 ～ 1.7 倍。

如果未来几十年内进行全球范围 CO_2 和其他温室气体的大幅减排，温升将在 21 世纪内低于 2℃。只有在 2050 年前后实现 CO_2 净零排放的情景下，温升将低于 1.6℃，且在 21 世纪末减少到 1.5℃以内。

5.1.1.2 降水

全球降水将长期随着已上升的全球平均地表温度而增加。全球平均降水将以每摄氏度小于大气水汽增速的速率不断增加。除 RCP2.6 情景外，其他情景下的全球平均降水将可能每摄氏度增加 1% ～ 3%；在 RCP2.6 情景下，到 21 世纪末，各 CMIP5 模式的敏感性区间为每摄氏度 0.5% ～ 4%。在 RCP8.5 情景下，偏暖环境下平均降水的变化将体现出相当大的空间差异，某些区域的降水将增加，另外一些区域将减少，还有一些区域将看不到任何显著变化（引自 IPCC WGI AR5 TS）。

在 21 世纪，全球水循环变化对变暖的响应不均一。除个别区域外，干湿地区之间和干湿季节之间的降水差异将会增大。在大多数情况下，模式预估的降水变化是“湿润区会更湿，干旱区会更干”，但也有模式预估在一些干旱地区会变得湿润。如巴西东北和东非。湿润更湿的变化型意味着热带地区干湿季之间的季节降水量变化增加，这会使得南北半球之间的降水梯度增大。

各个模式预估的大尺度降水变化的空间分布比较一致，但在小尺度上不确定性较大。到 21 世纪末，在 RCP8.5 情景下，这种一致性集中表现在预估的高纬度地区和大部分中纬度潮湿地区的降水会增加。其中，最大降水量增加在热带地区，而在中纬度和副热带干旱地区预估的降水量会减少。对于 21 世纪末水循环变化的预估，与对 21 世纪近期的预估在大尺度型态方面相似，但是幅度更大。

5.1.1.3　其他与水相关要素

（1）蒸发量

陆地的地表年蒸发量将与降水的型态类似。在温室气体浓度增加的条件下，地表温度升高，土壤变干，地表潜热通量减小，预估干旱区蒸发量将会减少，并且降水往往也会减少。由于土壤水分的影响，全球平均陆面蒸发量可能将减少。在 RCP4.5 情景下，CMIP5 模式预估的 2016—2035 年平均蒸发量在陆地上大多数区域是增加的，最大值出现在北半球高纬度地区，这与地表温度的预估结论一致。在海洋上，随着全球温度的升高，大部分海域的表面年蒸发量将增加。只有在高纬度地区和热带海洋，预估的蒸发量变化超过了估计的内部变率标准差，这种变化是显著的。预估的陆地（包括澳大利亚、非洲南部、美国南部和墨西哥东北部）和大部分海洋蒸发量的减小则低于估计的内部变率标准差，北大西洋西部例外，CMIP5 模式在该地区预估结论的一致性较低。

（2）水资源（降水量减去蒸发量，P-E）

预估的 P-E 变化趋势符合湿区更湿和干区更干的变化特征：在高纬度地区和热带地区，大多数模式预估纬向平均的 P-E 会增加，这将会增加地表径流；陆地上 P-E 变化量在大多数情况下是正的，这主要是由降水量增加所致。而在副热带地区，纬向平均的 P-E 会减少，特别是在欧洲、澳大利亚西部和美国中西部等地区，P-E 变化量为负值，然而变化值小于内部变率值。

（3）土壤水分

预估的年平均土壤水分在副热带地区、南美南部地区和地中海地区呈下降趋势，而在东非和中亚的一些地区会增加。其他地区的土壤水分的变化，要么是模式之间预估结果不一致，要么是统计上不显著。在大多数副热带地区和欧洲中部地区，预估的年平均浅层土壤水分减少，而在北半球中、高纬度地区在增加。然而，仅在非洲南部、亚马孙地区和欧洲，预估的年平均浅层土壤水分变化量大于估计的内部变率值，对土壤水分的预估存在较大的不确定性。

（4）径流

预估的 21 世纪欧洲南部、非洲北部、澳大利亚西部和美国西南部，年平均径流量会减少，但在东南亚、南美东南部和北半球高纬度地区则会增加。到 21 世纪末，在 RCP8.5 情景下，南欧部分地区、中东和非洲南部地区的年径流量将可能减少；随着大幅增加的冬季和春季降水量，北方高纬度地区的年径流量可能增加。在 CO_2 浓度倍增的情况下，受植被生理过程影响，预估全球平均径流变化比起工业革命前会增加 6% ～ 8%，其增加量与辐射强迫增加 11%±6% 的作用相当。对地表径流预估存在较大不确定性。

5.1.2 海洋变化

5.1.2.1 温度

在整个 21 世纪内，在所有 RCP 情景下，全球海洋都将比基准期（1986—2005 年）变暖。海洋变暖最强的区域出现在亚热带和热带地区洋面，更大深度的变暖在南大洋最为突出。到 21 世纪末，在距洋面 100 m 深的表层中，海洋变暖幅度的最佳估计值为 0.6℃（RCP2.6 情景）至 2.0℃（RCP8.5 情景），而在距离洋面大约 1 000 m 深处海洋变暖幅度为 0.3℃（RCP2.6 情景）至 0.6℃（RCP8.5 情景）。全球平均海温呈现明显的年际和年代际变率，但深层海洋温度变率会很小。与升温 2℃相比，全球升温 1.5℃，可减小海洋温度的升幅。

在海洋吸收的热能中，到 21 世纪末，在 RCP4.5 情景下，有 50% 被最上面 700 m 深的表层吸收，并且 85% 被最上面 2 000 m 深的海水层吸收。由于从海面向海洋深处输送这些热能需要很长时间，所以即使温室气体排放减少或浓度保持稳定，海洋变暖仍将持续几个世纪，并将继续对海平面上升作出贡献。

5.1.2.2 海平面

由于海洋变暖以及冰川和冰盖冰量损失的加速，21 世纪，全球平均海平面将继续上升。根据 IPCC AR5 评估报告，与 1986—2005 年相比，2081—2100 年全球平均海平面可能将上升 0.26 ～ 0.55 m（RCP2.6 情景）、0.32 ～ 0.63 m（RCP4.5 情景）、0.33 ～ 0.63 m（RCP6.0 情景）和 0.45 ～ 0.82 m（RCP8.5 情景）（图 5-1）。在所有 RCP 情景下，21 世纪全球平均海平面上升速率很可能超过 1971—2010 年观测值（2.0［1.7 ～ 2.3］mm/a）。在所有预估中，上升速率在最初阶段均有所增加。在 RCP2.6 情景下，上升速率在 21 世纪中期前大致稳定，接下来略微下降；在 RCP4.5 情景和 RCP6.0 情景下，上升速率到 21 世纪末大致趋于稳定；而在 RCP8.5 情景下，上升速率持续增加，2081—2100 年将达到 11［8 ～ 16］mm/a。对于 21 世纪 RCP 情景下全球平均海平面的上升，热膨胀的贡献占 30% ～ 55%，冰川融化的贡献占 15% ～ 35%。不过，也有报告认为，冰川和冰盖消融现已超过海水热膨胀，成为海平面上升的主导因素。

相对于 1986—2005 年，到 2100 年全球升温 1.5℃时，海平面上升 0.26 ～ 0.77 m，比全球升温 2℃时低 0.1 m（0.04 ～ 0.16 m）。如果将全球升温控制在 1.5℃，到 2100 年，全球海平面相比现在将增加 54 ～ 97 mm；但若升温 2℃，将增加 63 ～ 112 mm。即使在 21 世纪可将全球升温限制在 1.5℃，2100 年后，全球平均海平面仍将持续上升许多世纪，上升幅度和速度取决于未来的排放路径。现有的少数可模拟 2100 年后的模式结果表明，在 RCP2.6 情景下，在 CO_2 浓度达到峰值后下降并保持低于 500 ppm 对应的辐射强迫下，到 2300 年，全球平均海平面相对于工业化前的上升幅度小于 1 m。但是，如果在 RCP8.5 情景下，在对应的 CO_2 浓度高于 700 ppm 但低于 1 500 ppm 的辐射强迫下，上升幅度在 1 ～ 3 m 以上。IPCC AR6 表明，从长远来看，由于深海持续变暖和冰盖融化，海平面将上升数百至数千年，并将持续上升数千年。在未来的 2 000 年中，全球平均海平面将上升 2 ～ 3 m（若全球升温控制在 1.5℃）、2 ～ 6 m（若升温 2℃）和 19 ～ 22 m（若升温 5℃），也有可能在随后的千年中继续上升，不过，这一结论为低信度。

全球海平面上升并不是一致的。到 21 世纪末，约 95% 以上的海洋地区海平面很可能将会上升，全球大约 70% 的海岸线将出现海平面变化，范围在全球平均值的 ±20% 之内。在年代际周期上，气候变化导致的区域相对海平面变化率与全球平均

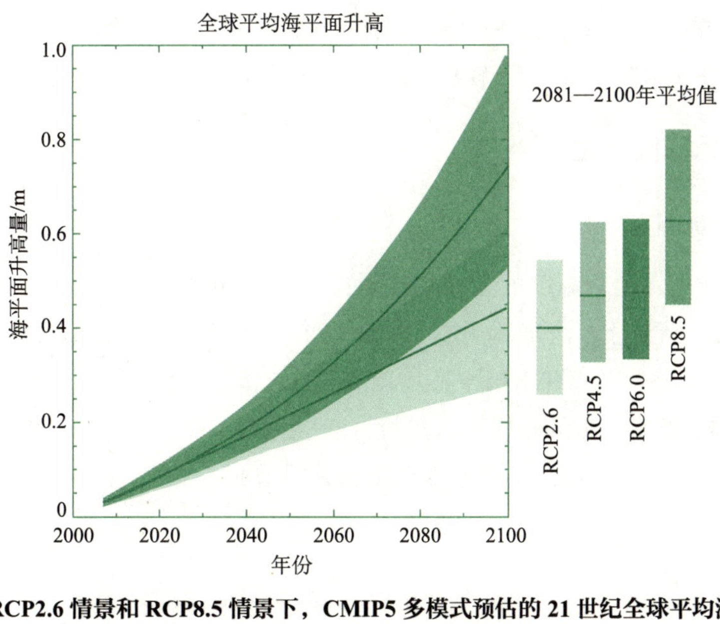

图 5-1　在 RCP2.6 情景和 RCP8.5 情景下，CMIP5 多模式预估的 21 世纪全球平均海平面高度相对于 1986—2005 年的变化

注：不确定性由阴影显示。柱状阴影表示 2081—2100 年，在 4 种 RCP 情景下，模式预估的平均值及不确定性范围（引自 IPCC WGI SPM）。

值的差异大于100%。

由于平均海平面上升，极端海平面的发生率可能在21世纪初期增加，很可能到21世纪末大幅增加。到21世纪末，一些地区极端海平面重现期将减少至少一个量级。

5.1.2.3 盐度

海洋盐度的变化方向与地表温度和全球水循环一致。一些地区（如北部海洋和北极地区）的盐度由于冰川和冰盖的融化有所下降，而另一些地区的盐度则因海面温度升高和蒸发而上升。海洋表层盐度变化受到降水、蒸发和径流以及海洋环流变化的影响。通常海表咸水区会变得更咸，淡水区会变得更淡。未来几十年，在热带尤其是副热带大西洋海区的盐度会增加，而在热带西太平洋区盐度会降低。

5.1.2.4 酸化

海洋中增加的碳储量将会加剧海水酸化，同时将延续在过去几十年中观测到的趋势。随着大气中 CO_2 浓度的变化并继续向海洋深处渗透，海洋酸化也将在深海中扩大。到21世纪末，在所有RCP情景下，全球海洋酸化都将加剧，在RCP2.6情景下，到21世纪中叶之后将缓慢恢复。到21世纪末，表层海洋pH的下降区间在RCP2.6情景下为0.06～0.07（酸度上升15%～17%），RCP4.5情景下为0.14～0.15（酸度上升38%～41%），RCP6.0情景下为0.20～0.21（酸度上升58%～62%），RCP8.5情景下为0.30～0.32（酸度上升100%～109%）。

5.1.3 冰冻圈变化

5.1.3.1 冰川

随着全球平均地表温度的上升，21世纪全球冰川体积将进一步减少。到2100年，在RCP2.6情景下，全球冰川体积将减少15%～55%（不包括南极周边地区的冰川，也不包括格陵兰岛和南极冰盖），在RCP8.5情景下将减少35%～85%。

IPCC AR6表明，山区和极地冰川将持续融化数十年或数百年。21世纪格陵兰和南极洲冰盖必将持续融化，随着累积排放量的增加，格陵兰冰盖的冰量损失将会增加。

5.1.3.2 海冰

（1）北极海冰

随着全球平均地表温度的上升，21世纪北极海冰覆盖范围很可能会不断缩小、变薄。与1986—2005年相比，21世纪末北极海冰范围全年都减小，2081—2100年，北极 9 月的海冰范围从减少 43%（RCP2.6 情景）到减少 94%（RCP8.5 情景），2 月从减少 8%（RCP2.6 情景）到减少 34%（RCP8.5 情景）。在 RCP8.5 高排放情景下，9 月的北冰洋可能在 21 世纪中叶到来之前几近无冰（海冰范围至少连续 5 年小于 10^6km^2）；在其他情景下，无法对 9 月北极在 21 世纪何时会出现几乎无冰情况作出具有信度的预估。

据 IPCC《全球 1.5℃增暖特别报告》，全球升温 1.5℃北冰洋大多数年份夏季有海冰覆盖，但在 2℃时，北冰洋夏季无冰的概率将大幅提高；全球升温 1.5℃导致夏季北冰洋没有海冰的可能性为每世纪一次，全球升温 2℃则为至少每 10 年一次。在冬季，无论全球升温 1.5℃还是 2℃，北冰洋都只有很少的海冰亏损。

（2）南极海冰

随着全球平均地表温度的上升，南极海冰的范围和体积到 21 世纪末均将减少。据 CMIP5 多模式预估，与 1986—2005 年相比，2081—2100 年，南极 2 月海冰的范围从减少 16%（RCP2.6 情景）到减少 67%（RCP8.5 情景），9 月从减少 8%（RCP2.6 情景）到减少 30%（RCP8.5 情景）。

南极海冰变化表现出明显的区域差异。例如，南极半岛附近的海冰范围大幅下降，但阿蒙森海的海冰范围增加。整体来看，南大洋海冰范围长期呈缓慢增长趋势，但从 2016 年 9 月开始范围减小。南极冰盖有可能出现突然和不可逆的冰量损失，但目前的证据和认知不足以作出量化评估。大多数模型对南极海冰模拟的信度很低。目前，鲜有研究对 1.5 ℃情景下南极海冰变化开展预估。

5.1.3.3　积雪

21 世纪，北半球春季的积雪将减少。CMIP5 模式结果表明：70° N 以北 4 月平均雪深将从 1981—2000 年的 28 cm 减少到 2031—2050 年的约 18 cm；2016—2035 年 3—4 月平均的北半球积雪面积减少 -5.2%±1.9%（RCP2.6 情景，21 个模式）、5.3%±1.5%（RCP4.5 情景，24 个模式）、-4.5%±1.2%（RCP6.0 情景，16 个模式）和 -6%±2%（RCP8.5 情景，24 个模式）。到 21 世纪末，北半球春季积雪面积的减少率将在 7［3 ～ 10］%（RCP2.6 情景）到 25［18 ～ 32］%（RCP8.5 情景）之间。由于全球温度升高，北半球的积雪很可能将在 22 世纪内继续减少。

5.1.3.4　多年冻土

多年冻土对变暖异常敏感。随着全球平均地表温度的上升，大量的近地表（上层 2 ～ 3 m）多年冻土将退化，并且多年冻土区融化深度将显著加深。北半球高纬度地区近地表多年冻土范围将减小。据 CMIP5 模式预估，2016—2035 年北半球年平均表层冻土面积相对于 1986—2005 年减少 21%±5%（RCP2.6 情景）、18%±6%

（RCP4.5 情景）、18%±3%（RCP6.0 情景）和 20%±5%（RCP8.5 情景）。根据多模式平均值，到 21 世纪末，近地表（上层 3.5 m）多年冻土面积将减少 37%（RCP2.6 情景）到 81%（RCP8.5 情景）。在气候变化背景下，北极和高山地区多年冻土持续变暖、退化、地下冰亏损。全球升温 2℃时，全球多年冻土面积可能减少 40%；如果将全球升温控制在 1.5℃内，将能避免至少 150 万～ 250 万 km^2 的多年冻土融化；但全球升温到 3℃时，有可能多年冻土彻底崩塌、不可恢复，而且大量的有机碳给全球生态系统造成致命性灾难。

5.1.4 极端天气气候事件

IPCC AR6 表明，随着全球变暖的进一步加剧，极端天气气候事件的变化会越来越大。例如，全球变暖每增加 0.5℃，极端高温的强度和频率就会明显增加，包括热浪、强降水以及某些地区的农业和生态干旱。在全球变暖 1.5℃的情况下，一些观测记录中前所未有的极端事件将越来越多地发生。对于较罕见的事件，预计发生的频次也会更高。与全球变暖 1.5℃相比，变暖 2℃及以上时，多个地点同时出现极端事件的频率更高。同时，全球许多区域出现并发极端天气气候事件和复合型事件的概率将增加。例如，高温热浪及干旱并发，极端海平面和强降水叠加造成复合型洪涝事件加剧。

5.1.4.1 极端温度

据 CMIP5 模式预估，暖昼和暖夜的出现频率可能会增加，并且热日持续时间会加长，而冷昼和冷夜的出现频率可能会下降。几乎可以确定的是，由于全球平均温度升高，多数地区将出现较多高温极值和较少低温极值。热浪很可能会更为频繁地发生，持续时间将会更长。偶发性冬季极端低温将继续发生。预估的陆地温度极值的升幅大于全球平均地表温度。预计极高和极低温度的强度至少将以与均值同样的速率增加。对于高排放情景（RCP8.5 情景）而言，在大多数陆地区域，目前为 20 年一遇高温事件的发生频率未来可能将翻倍，而到 21 世纪末，在许多地区会变成 1 年或 2 年一遇。而且，预计在大多数区域，高温事件的 20 年重现期将以类似于或大于夏季平均温度的速率不断上升，低温 20 年重现期将以高于冬季平均温度的速率增加。20 年一遇的低温事件将变得极为罕见。

IPCC《全球 1.5℃增暖特别报告》指出，全球升温 1.5℃，中纬度地区在极端热日会升温约 3℃，而全球升温 2℃则极端热日升温约为 4℃ ；全球升温 1.5℃，高纬度地区在极端冷夜会升温约 4.5℃，而全球升温 2℃则极端冷夜升温约为 6℃。大部分陆地地区的热日天数会增加，热带地区增加最多。

5.1.4.2　强降水

预估近期许多陆地上强降水事件的频率和强度可能会增加，但由于自然变率和人为气溶胶的影响，这种趋势不会在所有地区都变得明显。随着全球平均地表温度的上升，在全球层面上短时降水事件可能转变为较多强风暴和较少弱风暴，在多数中纬度陆地区域以及在多雨的热带地区的极端降水事件很可能在全球变暖的背景下强度加大、频率增高。随着气候变暖，极端降水率（如在日尺度上）比时间平均值增加更快。在每日及日内时间尺度上，每升温 1℃，预计局地极端降水变化将增加 5% ～ 10%。对于年最大日降水的 20 年重现期的全球平均敏感性，其范围是从当地温度升幅的每摄氏度 4% 到每摄氏度 5.3%，但在区域上却存在明显的差异。同时，随着全球许多区域并发极端天气气候事件和复合型事件概率的增加，极端海平面和强降水叠加造成复合型洪涝事件加剧。预计到 2100 年，一半以上的沿海地区以往所遭遇的“百年一遇”极端海平面事件，将会每年都发生，再叠加极端降水，将造成洪水更为频繁。

在全球尺度上，与全球升温 1.5℃相比，全球升温 2℃时强降水更多，北半球一些高纬度地区和 / 或高海拔地区、亚洲东部和北美洲东部，强降水事件带来的风险更高。同时，全球升温 2℃时与热带气旋相关的强降水更多，受强降水引发洪灾影响的全球陆地面积比例更大。在其他地区，升温 2℃与升温 1.5℃相比的强降水预估变化通常为低信度。

5.1.4.3　热带气旋

在全球范围和单个洋盆尺度上，未来几十年热带气旋的频率、强度和空间分布很有可能将会存在年际和年代际变化。对其产生影响的气候变化模态，如 ENSO，将很可能到 21 世纪中叶继续产生影响。不过，无论是洋盆尺度还是全球尺度，对 21 世纪中叶的热带气旋频率的预估信度都很低。

5.2　未来中国气候的变化

在全球变暖的背景下，未来中国气候整体上存在变暖、变湿趋势，但在不同区域上存在较大差异。21 世纪，中国气候将持续变暖，升温速率明显高于全球平均水平，各区域气温将持续上升，且冬半年升温速率总体大于夏半年，北方地区升温速率总体高于南方地区。未来，中国降水总体将增加，北方相对变湿，而南方相对变干，高排放情景大于低排放情景。干旱将会得到缓解，干旱发生频次减少，强度减弱，干旱面积减少，但极端干旱事件将会增加。未来，极端天气气候事件的时空分布和演变较为复杂，极端气候事件可能发生系统性变化，极端暖事件增加、极端冷事件减少，极端降水事件总体频次增加、强度增大，21 世纪后期相对中前期更为显著。

5.2.1 温度

全球气候模式结果表明，未来中国区域平均温度在 RCPs 情景下均将持续上升，2030 年前增温幅度、变化趋势差异较小，2030 年以后在不同 RCPs 情景下表现出不同的变化特征。在 RCP2.6 情景、RCP4.5 情景、RCP8.5 情景下，2011—2100 年，中国区域的增温趋势分别为 0.08℃ /10a、0.26℃ /10a、0.61℃ /10a，到 2081—2100 年，平均气温将分别增加 1.3℃、2.6℃、5.0℃（图 5-2）。在 RCP2.6 情景下，2050 年以前温度持续上升，2050 年以后温度增加趋势不明显，表现出一定的下降趋势；在 RCP4.5 情景下，2070 年以前温度持续上升，2070 年以后温度增加趋势变缓慢；在 RCP8.5 情景下，温度将持续上升。另有研究表明，21 世纪前期（2021—2040 年）、中期（2041—2060 年）、末期（2081—2100 年），在 RCP8.5 情景下，气温将分别升高 1.43℃、2.59℃和 5.31℃。

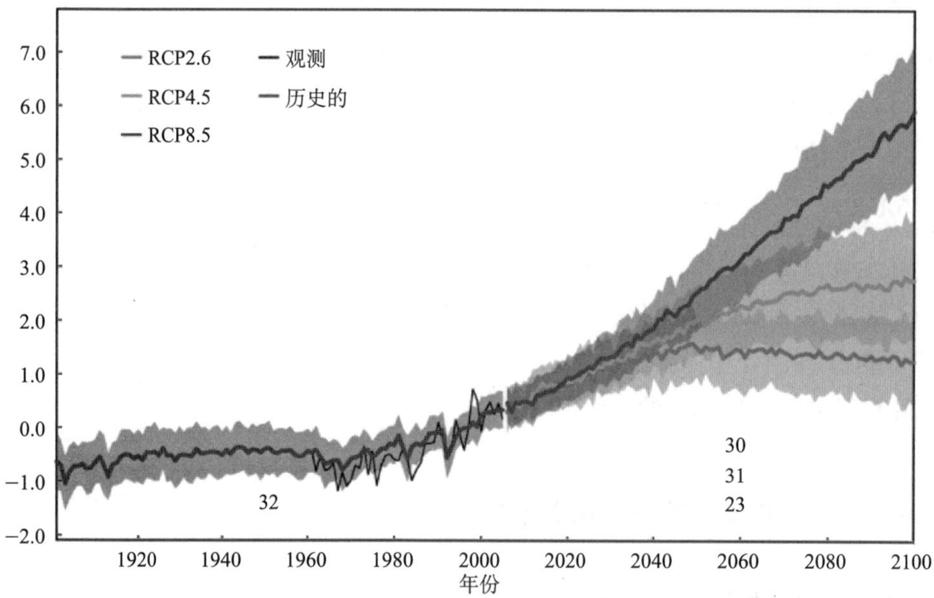

图 5-2 相对于 1986—2005 年各 RCPs 情景下预估的中国温度变化

（引自第三次气候变化国家评估报告，2015）

从空间上看，不同 RCPs 情景下，中国各地区的年均温度增温幅度具有一定区域性特征，总体上表现出从东南向西北逐渐变大，北方地区增温幅度大于南方地区，青藏高原地区、新疆北部及东北部分地区增温较为明显（《第三次气候变化国家评估报告》，2015）。

5.2.2 降水

由于未来季风发生显著变化，中国降水格局和变化幅度也相应发生明显变化。有研究指出，未来百年，中国东部的降水格局将以多雨型为主，这种降水型在 20 世纪 40 年代之后将更加具有代表性。到 21 世纪末期，虽然降水变化分布型没有明显变化，但是变化幅度普遍加大。

另有研究指出，21 世纪，中国区域平均年降水在 RCPs 情景下将持续增加，2060 年前增加幅度、变化趋势差异较小。2060 年以后，不同 RCPs 情景下表现出不同的变化特征（图 5-3）。2011—2100 年，中国区域平均降水的增加幅度明显大于全球，在 RCP2.6 情景、RCP4.5 情景、RCP8.5 情景下，降水增加趋势分别为 0.6%/10a、1.1%/10a、1.6%/10a；不同时期内，中国大部分地区降水都表现为增加，西北地区、华北地区、东北地区降水增加幅度相对较大。到 2100 年，在 RCP2.6 情景和 RCP8.5 情景下，中国降水分别增加约 5% 和 14%（《第三次气候变化国家评估报告》，2015）。而在 21 世纪初，中国的南方地区降水可能会减少，特别是在 RCP8.5 情景下。另有研究表明，在 RCP8.5 情景下，21 世纪前期、中期和后期，中国年平均降水将分别增加约 2%、6% 和 12%，空间结构表现为北方相对变湿，而南方相对变干。如果全球增暖 1.5℃和 2℃，中国区域降水相对于 1975—2005 年将分别增加 2.1% ～ 2.9% 和 3.2% ～ 5.3%，高于相同条件下全球降水增幅（1.7% ～ 1.9% 和 2.5% ～ 2.7%）。

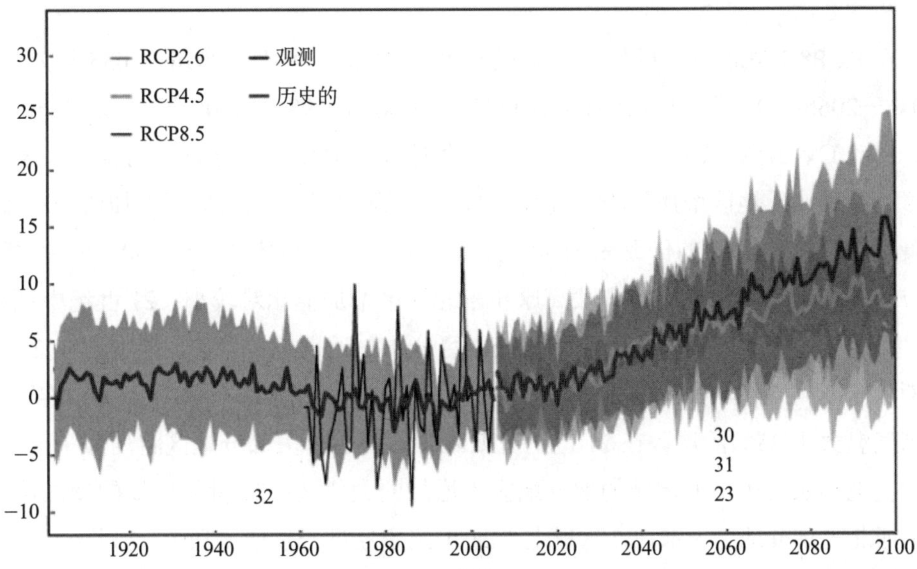

图 5-3　相对于 1986—2005 年，在各 RCPs 情景下预估的中国降水变化

（引自第三次气候变化国家评估报告，2015）

5.2.3 极端气候事件

未来，中国区域极端气候将会发生显著变化，主要表现为极端暖事件增多，极端冷事件减少，极端强降水事件增强。在20世纪40年代之前，不同排放情景下极端气候变化较为一致。在40年代后，在RCP8.5情景下，极端气候事件的变化幅度远大于RCP4.5情景。极端最低温度增加的幅度大于极端最高温度，极端最低温度增加显著区主要位于高纬度和高海拔地区，而极端最高温度主要位于我国东部地区。未来，区域平均极端降水量、年最大降水量都将增加。其中，西部地区增加的更加明显，降水更趋于极端化。最大连续干日的变化表明未来北方干旱将得到缓解。

5.2.3.1 极端温度

（1）日最高气温

相对于1986—2005年，21世纪日最高气温最高值在RCPs情景下均呈明显上升趋势，2025年之前，在不同情景下增幅较为一致，均将上升1℃左右；到21世纪末，在RCP2.6情景、RCP4.5情景、RCP8.5情景下的增幅分别为1.5±0.5℃、2.6±0.5℃、5.8±1℃。21世纪，日最高气温超过35℃的天数在RCPs情景下均呈明显的增加趋势；2050年之前，在RCP4.5情景和RCP2.6情景下都将增加5 d左右；到21世纪末期，在RCP8.5情景下将会增加25 d。21世纪，连续5日最高气温大于35℃事件的次数在RCPs情景下都将增加；到21世纪末期，在RCP8.5情景下，该事件将会发生高达8次。

在RCP8.5情景下，日最高气温最高值在21世纪前期（2016—2035年）、中期（2046—2065年）、末期（2081—2100年）相对于1986—2005年增加值分别为0.8～1.2℃、2.4℃以上、大于4.5℃。三个时段下增加值的分布较为类似，表现为青藏高原和东北地区增加值相对较小，西北、长江中下游流域地区增加值相对较大。日最高气温超过35℃的日数在21世纪近期大部分地区将增加1～15d，西北盆地和南方地区为增加的大值区，青藏高原和东北地区增加值相对较小；21世纪中期和末期，将进一步增加，且增加的高值和低值区分布与近期基本一致，增加值在21世纪中期除青藏高原外，大都在20 d以上，21世纪末期则基本都在40 d以上。连续5日最高气温大于35℃的次数在21世纪近期除青藏高原外大部分地区将增加1～5次，西北盆地和长江中下游流域的部分地区为增加的大值区；21世纪中期的增加值在南方和西北大部分地区大都在5次以上，21世纪末期进一步增加到10次以上，且高值和低值区分布与21世纪近期基本一致。

（2）年极端最高温度与年极端最低温度

相对于1986—2005年，中国区域平均极端最高温度在21世纪初期（2016—

2035 年）大约增加 1℃，到中期（2046—2065 年）增加 1 ～ 2.5℃；末期（2081—2100 年）在 RCP4.5/RCP8.5 情景下增加 2.6±0.5℃ /5.8±0.2℃。其中，东部增幅最大。极端最低温度增幅大于极端最高温度，21 世纪初期和中期中国区域平均极端最低温度分别增加 1.2℃和 2.0℃；到 21 世纪末期，在 RCP4.5/RCP8.5 情景下增加幅度为 2.8℃ ±0.9℃ /6.3℃ ±0.9℃。其中，东北、西北北部和西南的南部增加幅度最大。

与极端高温、低温相对应，未来，中国高温热浪和低温霜冻也将发生变化。在 RCP8.5 情景下，未来中国区域平均高温热浪发生频率、热浪持续时间以及热浪天数增加趋势分别为 0.39 次 /10a、1.11 d/10a 和 3.28 d/10a。到 21 世纪末期，区域平均的持续暖期增加 136 d，增加的大值区位于西部，超过了 150 d。在全球变暖背景下，东亚冬季风可能减弱，未来中国冬季气温偏高，并且增温幅度随纬度升高而增加，中国大部分地区风速呈减弱趋势，寒潮天气趋于减弱。到 21 世纪末期，区域平均霜冻日数将减少 43 d，寒潮日数大概减少 3 ～ 4d。

全球变暖 1.5℃和 2℃时，中国年平均温度相对于 1986—2005 年将分别增加 1.0℃和 1.7℃，平均增温幅度高于全球 0.3℃和 0.4℃。年最低温度分别增加 1.1℃和 1.8℃，较年最高温度增幅高 0.1℃和 0.2℃，最大增温区主要位于西北和东北。其中，青藏高原的增幅最大，最高温度增幅超过 1.25℃和 1.75℃；最低温度在青藏高原南部和东北地区，增幅高达 1.5℃和 2.0℃以上。与此对应，在不同增暖阈值下，未来中国极端暖事件明显增多，极端冷事件减少。全球变暖 1.5℃时，相对于 1986—2005 年，夏季日数在我国东南和东北增加明显，分别增加 17.4 d 和 15.3 d；而青藏高原和华北的冰冻日数减少明显，减幅为 14 d 和 12.5 d。相较于 2℃升温，降低 0.5℃增温中国地区将减少约 6% 的极端暖日和约 11% 的极端暖夜。

全球变暖不仅影响区域增温的强度，也影响温度相关极端事件发生的概率。有研究表明，我国极端高温事件发生风险增加的地区主要位于青藏高原西部、西南和东南沿海，当全球变暖 1.5℃和 2.0℃时，这些地区 100 年一遇的极端高温事件发生的风险增加分别超过 8 倍和 20 倍。5 年一遇的极端热浪事件在全球增温 1.5℃时，频次将提高为 2 年一遇，全球变暖 2.0℃时，所有热浪事件的严重程度都将高于 2013 年我国东部的夏季高温事件。减缓全球变暖的幅度，也能减小我国部分地区极端低温事件的风险。如东北和青藏高原地区 20 年一遇和 100 年一遇的极端低温事件将不再发生。

5.2.3.2　极端降水

未来，中国区域极端降水增加的幅度要大于平均降水，表明降水更趋于极端化。21 世纪，极端降水量和最大 5 d 连续降水量均显著增加。21 世纪末期，在 RCP8.5（RCP4.5）情景下，分别增加 60%（25%）和 21%（11%）。

另有研究表明，在 RCP4.5 情景下，21 世纪中期（2046—2065 年），中国区域极端降水贡献率和连续 5 d 最大降水量在全国范围内呈现一致的增加趋势。其中，连续 5 d 最大降水量的增加更为显著，显著增加的区域主要集中在我国的西北东部及黄淮流域，增加幅度均超过 10%；21 世纪末期，极端降水贡献率和连续 5 d 最大降水量增加的幅度远大于前期。其中，在我国西北部和江淮流域增加最为显著，局部地区增幅超过 20%。

据 CMIP5 模式预估，相比于 1986—2005 年，21 世纪初期区域平均强降水量约增加 15 mm，中期增加 20 ～ 40 mm，末期增加 105±30/45±15 mm（RCP8.5/RCP4.5 情景下），增加显著的区域主要位于西部。21 世纪末期，在 RCP4.5 情景和 RCP8.5 情景下，区域平均降水强度分别增加了 8% 和 15%，增加显著的区域主要位于北方；区域平均年最大降水量分别增加 11% 和 21%，华北和西南增加幅度最大，在 RCP8.5 情景下增幅达到 32%。不同季节极端降水变化也存在差异，21 世纪末期，北方冬季年最大降水量增加比夏季更显著，冬季为 53%，夏季则为 27%，但是中国南部则相反，表现为夏季增加的幅度大于冬季。

全球变暖 2℃时，我国极端降水事件的强度和发生频率都较变暖 1.5℃时更显著增加。相比于 1986—2005 年，全球增暖 1.5℃时，中国区域平均极端降水强度分别增加约 7%，额外增温 0.5℃将使得极端降水强度增加约 4%。全球变暖将增加中国极端降水事件的风险，但将增温控制在 1.5℃可以显著减小降水相关的风险等级。全球变暖 1.5℃时，100 年一遇的极端降水事件发生风险增加 1.6 倍，50 年一遇的极端降水事件发生风险增加 1.5 倍，较 2℃时分别减少 50% 和 46%。

5.2.3.3 干旱

从地质记录等各种分析来看，在全球变暖的前提下，中国南涝北旱的格局可能会发生变化。北方干旱和半干旱地区的干旱形势可能得到缓解，而南方地区干旱形势有可能加剧。

21 世纪，最大连续干日在 RCPs 情景下均呈明显的减少趋势，到 21 世纪末减幅较为一致，相对于 1986—2005 年均减少 4 ～ 6 d。从空间上看，21 世纪不同时期中国的连续干日均在北方减少，在南方增加；且随着时间的推进，南方增加的幅度越来越大，北方减少的幅度越来越大，后期全国的连续干旱日数变化幅度较前期进一步加剧。21 世纪近期，新疆北部、西藏、江淮、长江以南连续干旱日数增加，高值区域位于华南和西藏南部，超过 4 d；北方大部分区域减少，低值区域位于西北中部、西北西部、内蒙古西部，减少超过 8 d。21 世纪中期，长江以南增加的幅度变小，华南高值区域消失，北方减小的幅度变大。21 世纪末期，长江以南增加，高值中心位于江南和华南西部，增加超过 3 d，北方减少，低值中心位于西北中部和内蒙古。

未来，极端干旱事件的频率会发生改变。西北、青藏高原的极端干旱事件发生频率将有所上升，东北地区极端干旱事件将明显增加。不过，强降水事件也将增多，应对区域气候变化风险的难度增加。

5.2.3.4 极端降雪

随着全球变暖加剧和冬季风减弱，暖湿空气更易到达中国北方。此外，由于极区增暖和海冰消融引起中高纬度水汽的增加，导致未来中国北方冬季极端降雪事件将增多；同时，由于温度升高，中国南方的极端降雪事件可能将减少。因此，未来中国积雪日数可能将显著减少，积雪量也将明显减少。其中，青藏高原地区可能最为明显。

5.3 不同升温幅度与累积排放

5.3.1 气候敏感度与温升

气候敏感度（专栏 5-2）描述了全球平均地表气温（Ts）对“强迫”的“响应”，但最终响应的大小不仅取决于强迫，而且还受到各种反馈过程的影响。正反馈越强，敏感度越高，反之亦然。“强迫—响应—反馈”是一种循环作用的关系，直至达到新的平衡态。

近年来，人们注意到 Ts 的变化与累积碳排放有很好的线性关系，并且这种关系在不同时间和情景下表现得比较稳定，能够反映年代际到百年际以上的增暖。结合瞬态气候响应（TCR）与大气中累积的 CO_2 排放，将单位累积碳排放下的 Ts 变化定义为“累积碳排放的瞬态气候响应”（TCR to cumulative CO_2 emissions，TCRE）。TCRE 能够给出增温稳定在某一阈值下大气中允许累积的碳排放量，也就是将温度控制目标和减排目标联系起来，可为减排政策的制定提供重要参考。

近十几年来，古气候学者试图从地质历史时期的气候变化入手，利用观测重塑的古气候资料和古气候模式，估算平衡气候敏感度（ECS）。与当代气候变化相比，古气候变化趋近于辐射平衡。海洋对热量吸收对气候变化的影响相对较小，辐射强迫多来自于冰山、火山爆发和温室气体。因此，古气候记录和模拟可以用来估计 ECS，特别是末次小冰期（LGM）和全新世阶段。基于 LGM 数据，得到 ECS 的最佳范围是 2.4 ～ 5℃，而利用 LGM 至全新世的数据估计 ECS 范围在 1.3 ～ 2.3℃。

利用古气候记录和模拟估算的 ECS 范围与 IPCC 报告中提出的 1.5 ～ 4.5℃基本保持一致，但依然存在较大的不确定性。

现代气候观测和气候模拟是估计气候敏感度 ECS 的重要方式。相较于古气候记录，现代气候观测数据质量更为可靠，同时考虑到气候敏感度也依赖于所研究时段的气候态，基于现代气候观测和模拟的气候敏感度有望更接近当前气候态的真实气候敏感度。IPCC 第五次评估报告中 ECS 的可能范围是 1.5 ～ 4.5℃。

专栏 5-2　气候敏感度

当温室气体浓度增加时，地球向外太空发射的长波辐射量将会在温室效应的作用下减少，这将导致地球气候系统吸收的太阳短波辐射超过向外发射的热辐射，使得地表温度缓慢增加，而全球平均地表温度对温室气体浓度变化响应的幅度和快慢被称为气候敏感度。

用来表征气候敏感度的常见参数是平衡态气候敏感度和瞬态气候响应。平衡态气候敏感度指的是以工业革命前的气候平衡态为基准，当 CO_2 的浓度加倍以后，气候系统经过长期的调整再次达到平衡态时，全球平均地表温度的变化。瞬态气候响应指的是在 CO_2 的浓度以每年 1% 速度增加的情景下，CO_2 浓度增加到基准态两倍时的前后各 10 年内全球地表温度的平均值与基准态的差值。平衡态气候敏感度由 CO_2 的有效辐射强迫和气候反馈决定，而瞬态气候响应还取决于海洋吸收热量的速度。由于海洋巨大的热惯性，即使 CO_2 浓度达到基准的两倍后不再上升，变暖依然会继续直至达到新的辐射平衡。因此，平衡态气候敏感度大于瞬态气候响应。

累积碳排放指自工业革命以来人类活动排放的碳总量，它与大气中 CO_2 浓度和地表温度的升高息息相关。在限定某一温升目标下，累积碳排放也必然受限，建立累积碳排放和温升之间的关系，对估计剩余的碳排放空间、制定相关的气候变化减缓和适应措施至关重要。

研究发现，累积碳排放和全球平均温度变化之间存在较一致的线性关系，这一关系受排放路径的影响很小，在升温达到峰值之前都非常稳定，这是单位 CO_2 产生的辐射强迫随浓度升高而减小与碳汇吸收 CO_2 效率随浓度升高而降低相互抵消的结果。将全球平均温度变化与人为累积碳排放之比称为“累积碳排放的瞬态气候响应（TCRE）”，这是除“平衡态气候敏感度（ECS）”和“瞬态气候响应（TCR）”之外的另一个重要的敏感度指标。它不仅与物理气候的敏感度有关，还与决定有多少已排放的 CO_2 存留在大气中的碳循环反馈过程有关。当累积碳排放达到峰值（零排放）时，全球气温也几乎达到峰值，这是因为海洋热惯性导致的持续增暖与碳汇对大气中 CO_2 持续吸收的效果在一定程度上相互抵消，最终抵消的结果决定了温度继续上升、持平或者缓慢下降。

基于观测和气候模式的评估，TCRE 的可能范围是每累积排放 1 000 PgC（1 PgC=10 亿 tC），全球平均气温上升 0.8 ～ 2.5℃。其中，包含了气候敏感度和碳循环反馈的不确定性。若平衡态气候敏感度为 3℃，且排放 1 000 PgC 的 25% 会长期存留在大气中（此时大气 CO_2 浓度约 400 ppm），那么 TCRE 约为 1.5℃ /1 000 PgC。在给定未来温室气体排放路径的情况下，基于 TCRE 可以估算该路径下全球平均的温度变化。若有如 CH_4、N_2O 等其他温室气体，可将其温室效应换算为等效的 CO_2 排放。

5.3.2　温升与排放

《联合国气候变化框架公约》（以下简称《气候公约》）第二条提出将温室气体浓度稳定在防止气候系统受到危险的人为干扰的水平上。但是什么样的气候变化水平是危险的，如何避免发生“危险的”气候变化，《气候公约》并未作出明确阐述。1995 年的 IPCC 第二次评估报告提出，如果全球平均温升较工业化前升高 2℃，则气候变化将产生严重影响的风险。由此，欧盟于 1996 年首次提出了 2℃温升阈值的长期目标，以及全球温室气体浓度需要低于 $550\times10^{-6}CO_2$ 当量水平。2008 年，欧盟发布《2℃目标评估报告》，提出如果将全球温升控制在 2℃以内，人类社会还能够通过采取措施进行适应，也能承受气候变化带来的经济、社会和环境损失。IPCC 第三次评估报告进一步支持了将全球温升限制在 2℃以内的科学结论。认为对于生态系统和水资源来说，温度较工业化前增加 1 ～ 2℃就会导致明显的影响。一旦增温超过 2℃，预计气候变化对粮食生产、水资源供给和升天系统的影响将显著增加，一些不可逆的灾难性事件将会出现。2009 年，意大利 G8 峰会提出的 2℃目标被写入了《哥本哈根协议》。IPCC 第五次评估报告指出，相对于工业化前增温 1℃或 2℃，全球所遭受的风险处于中等至高风险水平，升温超过 4℃或更高时，全球遭受的风险将处于高或非常高的风险水平。报告提出最有可能在 21 世纪末实现 2℃温升控制目标的情景下，2050 年人为温室气体排放量要在 2010 年的基础上减少 40% ～ 70%，并到 2100 年实现零排放。这一目标的实现，会给技术、经济、社会和机制方面带来严峻挑战，如果无法获得并有效利用一些减缓所必需的关键技术，如生物质能、碳捕获碳封存、核能、风能和太阳能利用技术等，减缓成本会大幅增加，面临的挑战也会因减缓行动的延迟而进一步增加。

2010 年的坎昆气候变化大会和 2011 年的德班气候变化大会再次确认了全球 2℃的气候变化控制目标。在 2015 年的巴黎气候变化大会上，在 IPCC 第五次评估报告提供的研究依据基础上，世界各国一致确认了 2℃目标，并提出了有雄心的 1.5℃目标。2018 年 IPCC 1.5℃报告认为，全球升温 1.5℃对自然系统和人类系统的气候相关风险高于现在，但低于升温 2℃带来的风险。如果将温升控制在 1.5℃，要使全球 2030 年 CO_2 排放量在 2010 年的基础上减少 45%，并在 2050 年左右达到净零排放。另外，实现 1.5℃温升需要大幅减少二氧化碳以及甲烷、黑碳等非二氧化碳排放，并需要借助碳移除（CDR）等较为激进的减排技术，在能源、土地、城市、基础设施和工业系统领域实现大规模、前所未有的快速转型。如交通部门，低排放能源比例需要从 2020 年的不到 5% 上升到 2050 年的 35% ～ 65%；2050 年，全球电力供应的 70% ～ 85% 需要来自可再生能源。相比实现 2℃温升所要求的 2030 年 CO_2 排放量降低 20%、2075 年左右达到净零排放，各行业面临的减排压力均大幅增加。当前人为 CO_2 排放量为每年 420 亿 t，实现 1.5℃温升要求的剩余排放空间不到 4200 亿 t CO_2，如果维持当前排放速率，将在 10 年之内用尽。各国在《巴黎协定》下的国家自主贡献力度不足以实现 1.5℃的温控目标。

思考题：

1. 预估未来全球气候变化的主要特征及趋势如何？近期与长期变化特征有何不同？

2. 请比较未来中国与全球气候变化的异同？

3. 简述全球排放和温升的关系？

4. 气候变化科学研究上哪些是确定性认识，哪些尚不确定？

第6章 气候变化的影响和风险

在全球气候变暖的背景下，极端气候事件频繁发生，各领域和各区域都受到一定程度的影响。随着全球温度升高，气候变化的影响和风险受到持续关注。本章从基本理论和方法入手，概述了气候变化对自然生态系统、人类和管理系统等主要领域及全球主要区域的影响和风险，重点介绍了中国关键领域、区域的气候变化影响和风险特征。有效辨识重点领域和敏感区域的气候变化影响与风险，对气候变化的风险管理及社会可持续发展具有重要意义。

6.1 气候变化的影响和风险评估方法

6.1.1 基本概念

气候变化的影响是指气候变化对自然和人类系统的作用。在某一特定时期内，气候变化或灾害性天气气候事件对自然和人类系统产生影响，包括对生命、生计、健康、生态系统、经济、社会、文化、服务和基础设施等造成的影响。

风险是不利事件发生的可能性及其后果的组合。联合国“国际减灾战略”（ISDR）针对自然灾害，将风险定义为自然或人为灾害与承灾体脆弱性之间相互作用而导致的一种有害结果或预料损失发生的可能性。2013年，在政府间气候变化专门委员会第五次评估报告（IPCC AR5）中针灾害风险给出的定义是：在某一特定时间段内灾害发生的可能性，包括以下三个要素（图6-1）。

（1）危险性（Hazard）：即致灾危险度，如极端天气 / 气候事件的发生频率和强度；

（2）暴露度（Exposure）：即暴露在危险中的人口、基础设施和社会财富；

（3）脆弱性（Vulnerability）：是系统暴露于某种危险之下表现出的敏感性或易损性，及应对和适应能力。

因此，风险的定义可以表述为风险（R）$=f$ {危险性（H）；脆弱性（V）；暴露度（E）}。

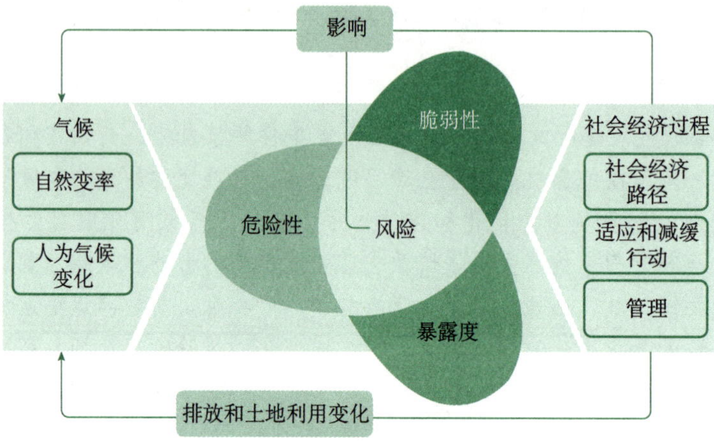

图 6-1　气候变化风险的影响和风险评估框架

由此，气候变化风险是由于气候变化影响超过某一阈值所引起的社会经济或资源环境的可能损失。它包括两个基本要素：气候变化对系统的损害程度（不利影响的程度）以及损失发生的可能性。其中，不利影响的程度主要由系统对气候变化的敏感性和系统暴露程度决定。气候变化的主要驱动力是气候系统和社会经济过程，其产生的根源包括两个方面。一方面是致灾因子层面，即气候变化相关危害的物理属性；另一方面是承灾体层面，即社会经济的脆弱性及其气候危害下的暴露度。

气候变化风险具有以下特征。

（1）损害性，一般只把气候变化可能引起不利的影响称为风险；

（2）可能性，是风险的基本特征，即未来气候变化的损失具有可能性；

（3）风险是未来的事件；

（4）相对性（可变性）。气候变化风险的高低是相对的。对于同一个系统来说，在不同区域和不同时段，其面临的气候变化风险的程度有所不同。

近期的气候变化风险评估框架不仅涵盖直接风险，也关注间接风险和系统风险、复合型灾害风险以及小概率高影响事件带来的风险。气候变化在物理系统、生态系统、经济和社会中造成级联效应，相互关联，并为在多个尺度上不可逆转地跨越阈值创造了环境。类似高温热浪与干旱并发或连发，极端海平面事件和强降水叠加造成的复合型洪涝事件等属于复合型风险。像南极冰盖崩塌、海洋环流突变、森林枯死等气候系统临界要素的引爆，一旦发生将对地球生存环境带来重大灾难的事件则属于小概率高影响事件。这些风险在气候变暖下都有可能加剧或发生。因此，应对气候变化挑战的科学和分析方法需要包括系统复杂性，以及将通常不可预期和不明显的因素纳入决策框架的能力。

6.1.2　评估方法

近年来，针对国内气候变化影响和风险评估的需要，不仅在社会经济情景和气候变化情景方面都取得了一定的进展，在气候变化的影响和风险评估方法及工具模型方面也有了进步。目前，进行影响和风险评估的方法及工具主要有统计模型和经验 / 半经验模型，对不同领域采用的方法不同。如对土壤环境的评价主要采用统计方法，而对生物多样性评估主要采用气候要素适应性方法。下面主要对农业、水资源、生物及生态系统，海平面和海岸带，交通和能源等方面的影响和风险评估方法及工具进行简单总结。

6.1.2.1　农业

对于已经发生的气候变化影响和风险评估，通常采用统计分析的方法。根据过去 50 年尤其是近 30 年中国气候、种植制度、主要粮食作物产量和受灾情况等为基础，识别和分离气候变化对作物影响的关键要素和关键生育阶段，分析总结气候变化对粮食生产影响的规律，包括全球变暖对主要粮食作物生长期的影响和风险，极端气候事件（洪涝、干旱、冻害、极端高温和低温冷害）对作物生长和产量的影响和风险，以及自然变率和气候变化对粮食生产的影响和风险等。这类评估多是运用统计模型的方法，包括静态和动态评估模型。

以未来气候情景驱动作物模式法是气候变化影响和风险研究中最常用的方法。基于未来气候情景，根据大气环流模型（GCMs）产生的结果，利用随机天气发生器产生出未来逐日天气数据，然后与作物模型结合，利用区域气候模式直接模拟出未来逐日天气数据，然后驱动到作物模式。随着区域气候模式和作物模式的发展，利用二者结合模拟气候变化和产量等关系的研究也逐渐增多，并成为目前 IPCC 使用的主要方法。此外，还利用农业系统分析法评估气候变化对农业的综合风险。如粮食安全等问题。

6.1.2.2 水资源

气候变化对水文与水资源影响的研究，基本上都遵从“未来气候情景设计—水文模拟—影响研究”的模式，具体来说可以归纳为以下几点。

（1）设计或选定未来气候变化情景；

（2）选择、建立并验证水文水资源模型；

（3）以气候变化情景作为模型输入，计算并分析区域水文循环过程和水文变量；

（4）评估气候变化对水文水资源的影响，提出相应的对策和措施。

目前，气候变化对水资源的研究主要集中在气候变化对流域水资源量、洪水灾害、极端洪旱事件、冰川融化、海平面上升等方面的影响和风险，而对气候变化对水质的影响、对农业灌溉的影响，以及对供水系统的可靠性、生态系统恢复性和脆弱性的影响和风险等研究较为薄弱。气候变化对于水资源相关的农业、生态系统等的影响研究则是建立在气候变化对水文与水资源影响和风险研究基础之上的，以水资源为主线贯穿农业、生态系统等领域的影响和风险研究将是气候变化研究的主要方向之一。

6.1.2.3 生物及生态系统

气候变化对生物与生态系统影响的评估，在内容上，主要包括气候变化影响的特征、脆弱性、适应性等方面；在时间尺度上，气候变化的影响和风险评估包括对已经发生的气候变化对生态系统影响的评估，以及未来气候变化对生态系统可能影响和风险的评估。对未来气候变化影响和风险的评估，可以依据所针对的评估实体、所要解决的问题、数据资料等的不同，选择不同的评估途径与方法来进行。在评估时，依据气候与生物、生态系统的关系，特别是气候要素对生物在生长与发育过程中的生理生化反应以及生态系统的结构与功能、地理分布的调节与制约等，制订适宜的评估途径，采用相应的评估方法。值得指出的是，由于生物对气候变化的响应往往具有“滞后”的特点，以及生物对不断变化的“环境”往往表现出“自适应”的特点，在气候变化影响和风险评估中需要对这些特点予以充分考虑，以降低评估的不确定性。

6.1.2.4 海平面与海岸带

对于海平面与海岸带影响和风险评估的研究可以依据以下三个步骤开展工作。

（1）风险区域识别。根据 DEM、行政区划图等空间数据库借助 GIS 工具获得可能遭受海平面上升的影响区域。

（2）脆弱性评估，结合社会经济数据等属性数据库，利用模型建立风险地区的脆弱性评价体系、评估风险区域的风险等级等。

（3）综合评估气候变化情景下区域受到的影响和可能的风险，并提出应对策略等。

6.1.2.5　交通和能源

气候变化对交通影响的评估，首先从气候变化异常出发，分析评价其对于交通线路的勘察、选线、设计以及运营等各方面的影响，并提出减缓对策措施。例如，在交通设施、调度、路基设置、驾驶员培训等方面开展工作，应对气候变化可能带来的影响等。对能源的评估，主要通过分析气候变化对工业、农业等行业以及居民生活、生产等能耗影响，建立气候变化对能源影响和风险评估统计模型，分析和估算气候变化对能源的影响。如通过建立气候变化影响的简单统计模型，分析气候变化对长江三角洲地区工业生产及能源消耗的影响。此外，近十年来，随着国际上对全球气候变化和温室气体排放问题关注的增加，情景分析方法在研究未来能源问题时得到了越来越多的应用，主要由于能源活动是产生人为温室气体排放的最主要原因，对气候变化的影响涉及较长时间尺度且具有很大的不确定性。在研究能源领域，特别是可再生能源领域的减缓气候变化对策时，不仅要考虑未来最可能的能源发展趋势，更要研究改变这种趋势的各种可能性及实现不同的可能性所需要的前提条件。

6.2　气候变化对主要领域的影响和风险

全球气候变暖对人类、经济和生态系统逐渐产生直接和潜在的影响与风险。社会和系统的高危害或高脆弱度暴露时，气候变化的影响幅度大、概率高或具有一定的不可逆性。为总结不同部门和区域的关键风险，IPCC 第三次评估报告提出了其五大关切理由（RFC）（专栏 6-1）：独特且受威胁的系统、极端天气事件、影响的分布、全球综合影响、大尺度异常事件。在全球气候变化水平不断提高的情况下，与关切理由相关的风险呈现出不同的风险水平（图 6-2）。当温度高于工业化之前水平的 1℃或 2℃以上，气候变化的一些风险相当大。在所有关切理由中，当全球平均温度较工业化前水平上升达 4℃或更高时，全球气候变化风险将达到非常高水平，包括对独特且受威胁的系统的严重和广泛影响、大量物种灭绝、对全球和区域粮食安全的大风险以及损害人类正常活动（包括一些地区一年内部分时间的粮食种植或户外工作）的高温高湿。气候变化对自然生态系统、人类和管理系统的影响与风险具有一定的差异性。

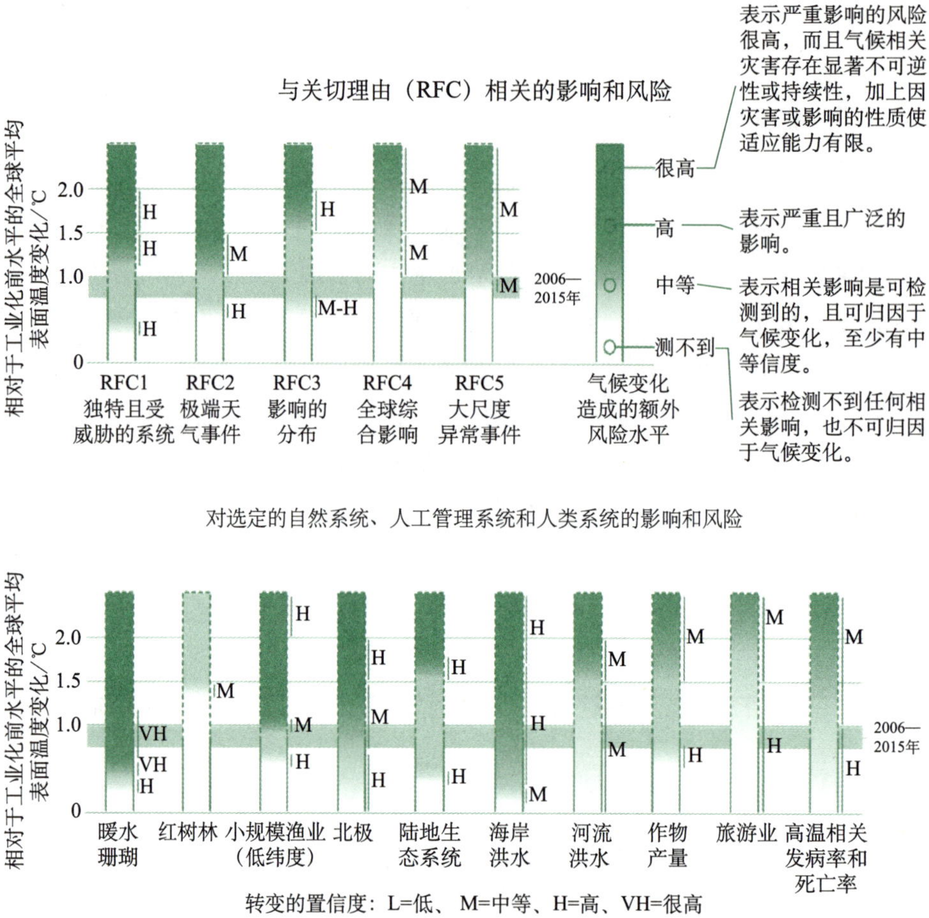

图 6-2　全球气候变化的影响与关切理由相关的风险

据 IPCC 第六次评估报告中第一工作组的报告《气候变化 2021：自然科学基础》（IPCC，2021）公布的最新成果表明：气候变化已经在通过不同方式影响着全球各个区域，未来将随着增暖而增强。气候变化正在加剧水循环，这会带来更强的降雨和洪水，但在许多地区则意味着更严重的干旱。气候变化正在影响降雨特征，在高纬度地区，降水可能会增加，而在亚热带的大部分地区则预估可能会减少，预估季风降水将发生变化并因地而异。整个 21 世纪，沿海地区的海平面将持续上升，这将导致低洼地区发生更频繁和更严重的沿海洪水，并将导致海岸受到侵蚀；在全球许多地区，历史上百年一遇的极端海平面高度将成为常态。进一步的变暖将加剧多年冻土融化，季节性积雪减少，冰川和冰盖融化，以及夏季北极海冰减少。海洋变暖、更频繁的海洋热浪、海洋酸化等，既影响海洋生态系统，也影响依赖海洋生态系统的人们，而且至少在 21 世纪这些变化将持续。全球气温每升高 0.5℃都会造成极端高温、极端降水和部分地区极端干旱事件频率增多、强度增大。当全球增温 2℃时，极端高温更容易超过农作物生长和人体健康的临界阈值。当全球增温 2℃时，较之 1.5℃的增温，将造成诸多因地区而异的变化，这包括热带气旋和热带以外风暴的增强、径流洪水增多、部分地区平均降水减少和变干以及火险天气增加等风险。类似热浪和干旱同时出现这种复合型极端事件的发生概率更高。报告还指出，气候变化对于热浪的影响最为显著和确定。最近几年，全球范围内强降水天气的增多也可能是人为活动下气候变化的结果，而洪水、干旱等仍有巨大的不确定性，因为这些极端天气与水文、土地利用等非气候变化影响也有着紧密关联（图 6-3）。

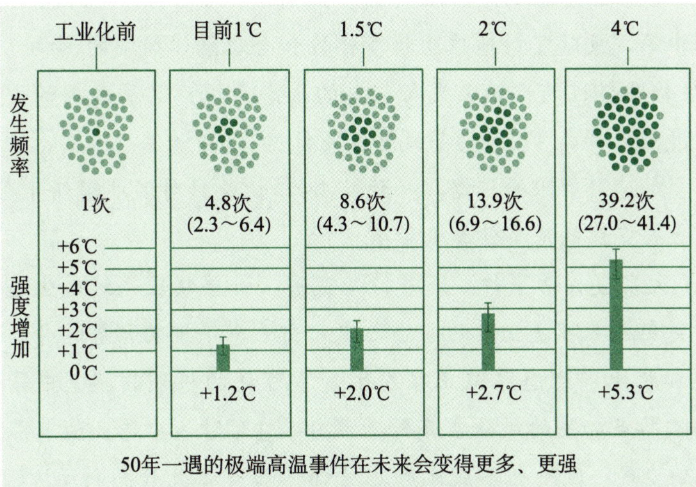

图 6-3　全球变暖下高温事件预估

专栏 6-1　气候变化关键风险的五大关切理由（RFC）

（1）独特且受威胁的系统：一些独特且受威胁的系统（包括生态系统和文化）已处在气候变化的威胁中（高信度）。如果温度额外升高 1℃，可能遭受严重后果的这类系统的数量就会增加。如果温度额外升高 2℃，很多适应能力有限的物种和系统就会承受极高的风险，尤其是北极海冰和珊瑚礁系统。

（2）极端天气事件：来自极端事件的气候变化相关风险。例如，热浪、极端降水、沿海洪水，目前为中等（高信度），但是温度额外升高 1℃时，风险就为高（中等信度）。随着温度升高，与一些类型极端事件

（如极端高温）相关的风险就会进一步增加（高信度）。

（3）影响的分布：风险的分布不均，但是对于弱势的人群和社区，风险通常较大。由于气候变化对特别是作物生产的影响有地域差别，目前的风险已为中等（中等到高等信度）。基于区域作物产量和供水的预期减少，在温度额外升高超过2℃时，影响分布不均的风险会提高（中等信度）。

（4）全球综合影响：在温度额外升高1～2℃时，全球综合影响的风险为中等，反映了对地球生物多样性和全球总体经济的影响（中等信度）。生物多样性的广泛丧失与相关的生态系统产品和服务的丧失，可导致温度额外升高3℃时的高风险（高信度）。随着温度升高，综合经济损失将会加速（有限的证据，一致性高），但是针对温度额外升高3℃左右或以上而完成的定量估算数量很少。

（5）大尺度异常事件：随着持续变暖，一些物理系统或生态系统可能处于突变或不可逆变化的危险之中。由于有早期的预警信号，即暖水珊瑚礁和北冰洋生态系统正在发生着不可逆的机制转换（中等信度），与这些临界点相关的风险在额外升温0～1℃时为中等。随着温度额外升高1～2℃，风险也不成比例地增加。而当温度升高高于3℃时，风险将变得更高，这是由于冰盖损失可能会造成大规模、不可逆的海平面上升。对于温度持续升高超过某个阈值，在一千年或更长时间，格陵兰冰盖几乎会损失殆尽，导致全球平均海平面上升达7 m。

跨部门和区域的关键风险对一个或多个RFC起作用。

（1）由于风暴潮、沿海洪涝和海平面上升对沿海低洼区域和小岛屿发展中国家或其他小岛屿造成的伤亡、健康不佳和生计干扰的风险。

（2）由于某些地区的内陆洪水对大量城市人口造成严重健康不佳和生计干扰的风险。

（3）由于极端事件导致基础设施网络和关键服务（如供电、供水、卫生和应急服务）崩溃的系统性风险。

（4）极端高温时段的死亡率和发病率的风险，对脆弱的城市人群以及在城市和农村从事户外工作的人群尤其如此。

（5）与气候变暖、干旱、洪水、降水变率和极端事件相关的粮食安全和粮食系统崩溃的风险，尤其是对于城市和农村较贫困人群的风险。

（6）由于饮用水和灌溉用水不足以及农业生产力下降对农村生计和收入带来损失的风险，对半干旱地区、拥有最少资本的农民和牧民尤其如此。

（7）提供沿海生计（尤其是对热带和北极区渔业群体而言）的海洋和沿岸生态系统、生物多样性以及生态系统产品、功能和服务丧失的风险。

（8）提供陆地生计的陆地和内陆水生态系统、生物多样性以及生态系统产品、功能和服务丧失的风险。

6.2.1 自然系统

6.2.1.1 淡水资源

气候系统与水循环的交互作用，使得气候变暖最重要和最直接的效应就是局地和区域水资源可利用性的改变。这些改变包括降水格局和极端事件、河流产流量和产流过程、洪水和干旱的频率和强度，进而包括淡水资源的水量和质量。受气候变暖影响，全球很多地区的降水变化和冰雪消融正在改变水文系统，并影响到水资源量和水质；许多区域的冰川持续退缩，影响下游的径流和水资源，在全世界200条大河中，近1/3的河流径流量减少；高纬度地区和高海拔山区的多年冻土层因变暖而融化。气候变化会改变全球水循环的现状，通过影响相关水文途径或者指标，使得全球水资源时空分布重新分配。除了直接影响以外，气候因子还通过发生在陆面和土壤中控制陆面与大气之间水分、热量和动量交换的陆面过程间接地影响水分循环，如气温、日照、风和相对湿度对陆面蒸散发过程的影响等。

受气候变化和人类活动等多重因素的影响，自20世纪80年代以来，中国主要江河实测径流量总体上呈下降趋势，北方地区水资源量明显减少。河川实测径流量，海河流域减少40%～60%，黄河中下游减少30%～60%。相比于1951—1979年，1980—2010年多数流域水资源量呈下降趋势，以海河流域衰减最明显，达47.1%。河川径流量和水资源量的减少，进一步增大了水资源的供需矛盾。河川径流的变化是人类活动和气候变化等环境变化综合作用的结果。人类活动和气候变化对海河流域河川径流减少的贡献率分别为74%和26%，流域南部受人类活动影响更加明显，北部相对较弱。黄河流域径流量的减少集中在中游地区，黄河流域下游径流量从20

世纪 70 年代后期开始明显减少，黄河流域下游花园口以下 22 年出现断流，黄河的主要支流也发生断流，气候变化对河川径流减少的贡献约占 38%。辽河流域铁岭站 1966 年以后的径流量较前期的径流量减少 54%，气候变化的贡献率近 30%。总体而言，人类活动是目前北方径流量减少的主要原因，但气候变化的绝对影响量有增加趋势。

全球和区域气候模式都表明，随着气候变暖，大部分陆地区域的潜在蒸发在更暖的气候条件下极有可能呈现增加的趋势，而这将加速水文循环；对实际蒸发的长期预估则仍存在较大的不确定性。对全球尺度的径流预估表明，年均径流量在高纬度及热带湿润地区将增加，而在大部分热带干燥地区则减少。一些地区径流量的预估结果无论是从量级还是从变化趋势上，均存在相当的不确定性，尤其在中国、南亚和南美洲的大部分地区，这些不确定性很大程度上是由降水预估的不确定性造成的。对那些冰川融水和积雪融水地区的径流预估结果显示，绝大多数地区年最大径流量峰值有提前趋势。对地下水预估结果表明，由气候模式预估的地下水变化范围较大，某一地区地下水的预估结果可能是显著减少或显著增加。而气候变化对水质影响的预估研究则非常少且其不确定性非常高。预估表明强降水增多和温度升高将导致土壤侵蚀和输沙量发生变化。

6.2.1.2 陆地生态系统

受气候变化和人类活动的共同作用，植被覆盖、生产力、物候或优势物种群已经发生变化，陆地生态系统的这些变化反过来也会对局地、区域甚至全球的气候产生影响。气候变化还改变了生态系统的干扰格局，并且这些干扰很可能已经超过了物种或生态系统自身的适应能力，从而导致生态系统的结构、组成和功能发生改变，增加了生态系统的脆弱性。气候变化加大了对生物多样性的不利影响，较大幅度的气候变化会降低特殊物种的群体密度，或影响其存活能力，从而加剧其灭绝的风险。受气候变化影响，世界各地树种死亡现象越来越普遍，从而影响到气候、生物多样性、木材生产、水质以及经济活动等诸多方面，有些地区甚至出现森林枯死，显著增加当地的环境风险。人类和生态系统的脆弱性是相互依赖的。当前，不可持续的发展模式正在增加生态系统和人类对气候危害的暴露度。中国过去几十年，湿地面积在青藏高原和西北扩大，在东部缩小并且退化。1990—2000 年，新疆、西藏和青海地区，新增 13 000 km^2 湿地；但自 2001 年以来，长江中下游地区湿地面积萎缩，2000 年鄱阳湖水域面积相比 20 世纪 90 年代减少了约 11%，水生植被向沼泽化和草甸化方向演替。北方气候暖干化，中国草原分布东移、西部呈荒漠化趋势，并导致草原植被生产力显著降低，生物多样性丧失，草原生态系统稳定性降低。三江源作为黄河、长江和澜沧江的发源地，素有“中华水塔”之美誉。但是，三江源地区地表风化严重、土层薄、质地粗、气候寒冷、植物生长期短，生态系统自身的调节能力很弱，恢复能力极差，十分脆弱。近几十年，全球变化背景下的三江源区出现了显著变暖趋势，且增温速率明显大于全球增幅，并可能进一步变暖。由于全球气候变暖和人类活动加剧的双重影响，三江源区域生态环境发生了重大改变，如草场退化与沙化加剧、水土流失日趋严重、草地鼠害猖獗、源头产水量逐年减少、生物多样性急剧萎缩等。三江源区的冻土区环境退化，湿地中的大多数湖泊出现了水域面积缩小以及内陆化和盐化现象。近 30 年来，三江源地区土地覆被状况指数总体上经历了一个“下降（1970—1990 年）—显著下降（1990—2004 年）—略有上升（2004—2008 年）”的变化过程。三江源区牧草返青期气温回升速度在逐年减缓，而牧草黄枯期气温降低速度在逐年增大，这迫使三江源区牧草返青期推迟，黄枯期提前，生长期缩短，影响了牧草的发育。

全球升温在近期达到 1.5℃，将不可避免地造成多种气候灾害和当前生态系统、人类系统面临的多种风险的增长。未来，很多地区的动植物还将继续以各种方式调整或改变，以适应未来的气候变化。21 世纪，受气候变化和其他压力的共同作用，如生境改变、过度开采、污染和物种入侵等，大部分陆地和淡水物种灭绝的风险都将增加（图 6-4）。模式结果表明，在所有气候情景下，物种灭绝风险都是增加的，并且灭绝的风险还随气候变化幅度的增大而提高。在 21 世纪内，一些区域生态系统

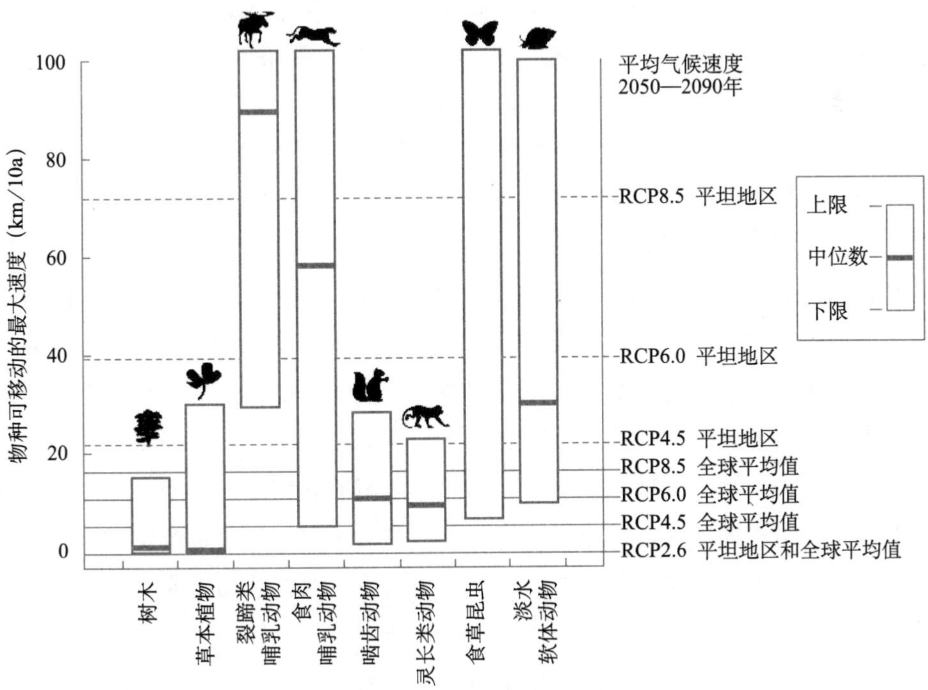

图 6-4　不同气候变化情景对物种跨越移动的影响

的组成、结构和功能可能会发生突变或是不可逆的变化。如亚马孙和北极地区，而这些变化反过来又将对气候产生影响，从而导致气候发生新的变化。极端气候事件对生态系统的影响不容忽视。模式结果表明，到21世纪，仅考虑气候变化的影响，亚马孙森林不会消失，但考虑未来极端干旱事件、土地利用的变化和森林火灾的影响，亚马孙森林将严重退化，会给这一地区的生物多样性、碳吸收等带来重要影响。气候变化情景下的近期气候变化对中国生态系统的影响不大，但中、远期气候变化对生态系统的负面影响较大。

6.2.1.3 海岸带

海岸带生态系统与气候变化相关的三个因素关系密切，即海平面、海水温度和海洋酸度。气候变化和海洋酸度的改变给海岸带生态系统带来显著的负面影响。由于相对海平面的上升，海岸带系统和低洼地区正经历着越来越多的洪水淹没、极端潮位和海岸侵蚀，并承受着由此带来的不利影响。海水温度上升和海水酸化导致珊瑚白化，甚至死亡，珊瑚礁成为最脆弱的海洋生态系统。除了受气候变化的影响，海岸带地区生态系统的许多变化，还受到人类活动的强烈影响，如土地利用变化、沿海开发以及污染等。20世纪，由于大量水坝的建设、大型建筑物以及自然和人类活动产生的沉积物导致世界上多数大的三角洲都在下沉。在过去的100年，东京东部下降了4.4 m，意大利的波河三角洲下沉了3 m，上海下沉了2.6 m，曼谷下沉了1.6 m。

气候变化和人类活动相互作用的方式和影响的结果也因地而异。对于发达国家而言，极端天气气候事件、海平面上升影响其居住、娱乐以及沿海的基础设施等；对于发展中国家而言，如中国和孟加拉，极端天气气候事件即气候变化影响的则是广泛的经济活动和城市发展等。在气候变暖的背景下，全球平均海平面呈加速上升趋势，上升速率从1901—1990年的1.4 mm/a增至1993—2020年的3.3 mm/a；2020年为有卫星观测记录以来的最高值。1980—2020年，中国沿海海平面变化总体呈波动上升趋势，上升速率为3.4 mm/a，高于同期全球海平面平均水平。预计到2100年，全球平均海平面将上升0.28～0.98 m。在全球尺度上，沉降和侵蚀将导致沿海洪水和土地损失不断增加，但采取防御措施取得的效益还是要高于不作为而付出的社会经济成本。如果不采取适应行动，到2100年，数以亿计的人口将受到沿海洪水的影响，因土地丧失而流离失所，特别是在东亚、东南亚和南亚。由于人口增加、经济发展和城市化进程的加速，暴露在海岸带风险中的人口和社会资产也越来越多，中国东部沿海城市尤为突出。如上海、宁波、福州等。人类活动将成为河口海岸以及三角洲湿地等变化的主要驱动力，由于人类活动导致过度的营养输入、径流改变以及沉积物的搬运减少，未来，海岸带生态系统将承受更加剧烈的人类活动干扰。在气候变化的背景下，热浪和极端温度的频率增加，将导致温带海草和海藻生态系统发生退化，一些热带滨海旅游国家和小岛屿国家不仅要遭受海平面上升和极端气候事件的直接影响，还要承受因海岸带生态系统退化而导致的旅游收入减少的影响。

6.2.1.4　海洋系统

1950—2009 年，印度洋、大西洋和太平洋平均海表温度分别上升了 0.65℃、0.41℃和 0.31℃。同时，海洋对 CO_2 的吸收降低了海水的 pH 约 0.10 个单位，即海洋发生酸化，且酸化速度是过去 6 500 万年来前所未有的，从根本上改变了海洋的生态，特别是高纬度海区海洋碳酸盐的化学过程。

鱼类和无脊椎动物等海洋生物地理分布已经发生迁移，低纬度海域及近岸与近海区域渔业捕捞量减少。珊瑚白化和死亡率增加，导致海洋生物多样性、渔业资源丰富度减少。珊瑚礁生态保护作用减弱，海平面上升、极端事件、降水变化和生态恢复能力降低，引发沿岸洪涝增加。海洋生境丧失，海洋酸化对甲壳类动物和造礁珊瑚等海洋生物的生长发育产生影响。

受海洋变暖、酸化、含氧量和碳酸盐等物理化性质的变化对海洋生物生态的影响，渔业捕捞、海水养殖以及数以百万计以此为生的人们面临着气候变化影响的风险。未来，海洋大部分区域还将持续变暖和酸化，其变率和影响随不同区域变化。除了全球变暖将导致更频繁的极端事件外，海洋生态系统及与此相关的人类社会将面临更多更严重的风险和脆弱性。

6.2.1.5　粮食生产系统

气候变化对全球大部分地区作物和其他粮食生产负面影响比正面影响更为普遍，正面影响仅见于高纬度地区（图 6-5）。更多证据显示，在大多数情况下，CO_2 对作物产量具有刺激作用，增加水分利用效率和产量，尤其对水稻、小麦等作物。臭氧

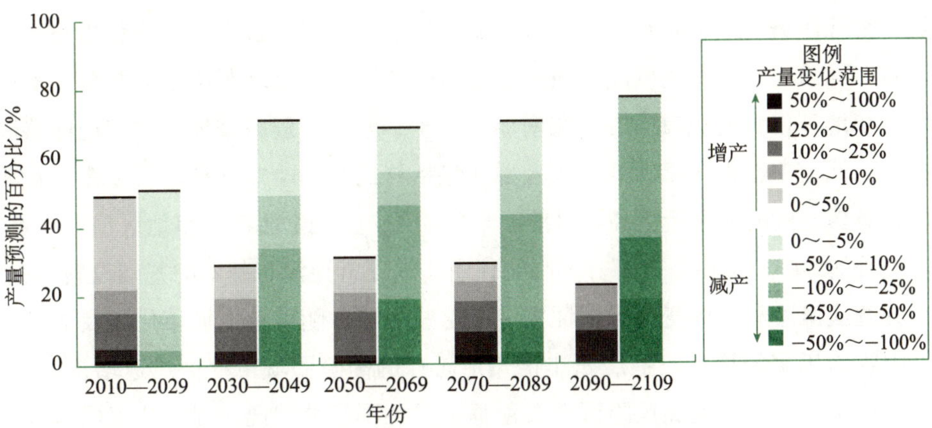

图 6-5　21 世纪气候变化导致的作物产量变化预估结果

对作物产量具有负面作用，通过减少光合作用和破坏生理功能导致作物发育不良，产量和品质下降，包括改变碳含量和养分摄入量，谷物蛋白质含量下降。气候变化与 CO_2 浓度增高改变了重要农艺措施和入侵杂草的分布，同时增加它们之间的竞争关系。CO_2 浓度增高，降低了除草剂的效果，并改变病虫害的地理分布。

气候变化对粮食安全的各个方面均有潜在的影响，包括粮食的获取、使用和价格稳定。近年来，粮食生产区遭受极端事件之后，几次出现了食品和谷物价格骤涨的现象，这表明市场对极端事件的敏感性。气候变化可能推高粮食价格，在发展中国家尤其值得关注。在农业生产中，纯粮食购买者尤为脆弱。同样依靠农业的低收入国家是粮食净出口国，本身粮食安全不稳定，还面临着国内农业生产效益降低和全球粮价升高的双重影响，加剧粮食获得的难度。气候变化对我国粮食的影响，主要表现在种植结构、区域和耕种制度改变、粮食产量波动以及农业灾害加重等诸多方面。这些影响的分析主要是基于观测和模型就气候因子对粮食产量的影响分析，没有考虑到技术进步的作用。

未来，气候变化将使杂草的种群与分布向极地方向迁移。随着 CO_2 浓度增加，杂草可能在很大程度上限制作物产量，并受病虫害类型、品种类型与耕作方式的影响。目前，广泛采用的化学控制病虫草害的方法可能失效，并且增加经济和环境成本。如果不考虑 CO_2 的作用，气温和降水的变化将推高 2050 年全球粮价的 3% ～ 84%。如果考虑 CO_2 的作用（但忽略臭氧和病虫草害等），届时全球粮价的波动范围在 −30% ～ 45%。

6.2.2 人类和管理系统

6.2.2.1 城市

大部分关键和正在出现的全球气候风险集中在城市地区。热胁迫、极端降水、滑坡、空气污染、干旱和水资源短缺对城市地区的居民、资产、经济和生态系统构成风险。当前，气候变化风险、脆弱性与所受的影响在全球范围不同规模、不同经济水平和地理位置的城市中心均在增加。孩子、老人和弱势群体是城市地区最脆弱的群体。低、中收入国家的低收入人群（包括移民）风险非常高，居住在质量差的房屋和暴露地区的人风险更高。目前，全球约 1/7 的人生活在城市地区住房质量差、过度拥挤的地方。其中，大部分为临时住所，缺乏甚至没有基本的基础设施与服务。大部分健康风险和气候变化脆弱性集中在这些区域。随着快速城市化以及大城市在低、中收入国家的增多，生活在非正式定居点的高脆弱城市社区迅速增多。其中，有许多位于极端天气的高风险区。改善基本服务不足的状况、提高住房质量及建设有恢复能力的基础设施系统，可以显著降低城市地区的脆弱性和暴露度。

城市气候变化相关的风险正在增大，对居民、当地经济、生态系统产生广泛的负面影响。气候变化给城市地区的水和能源供应、下水道和排水系统、交通和电信等基础设施系统以及包括卫生保健和急救在内的服务、建成环境和生态服务带来广泛的影响。对于与城市地区灾害相关的关键气候变化，在当前的适应水平下，其风险等级从目前到近期呈增加趋势，但高适应水平能够显著降低这些风险等级。

6.2.2.2　农村地区

气候变化对农村地区的主要影响体现在淡水供应、粮食安全和农业收入的影响，许多地区不得不调整粮食和非粮食生产区，这些在短期和长期都对农村产生重大影响。预计这些影响对以女性起主导作用的家庭以及不容易获取土地、基础设施和教育资源的农村地区贫穷人口的福利将产生不利影响。

农村地区的妇女由于在土地、劳动力市场、非农业创业机会等方面与男性存在明显差异，在农业中发挥的作用与男性不能相比，其脆弱性高于男性。原住民、牧民和渔民的生计和生活方式通常依赖于自然资源，对气候变化和气候变化政策高度敏感，脆弱性高。没有土地或劳动力的弱势群体，包括女性起主导作用的家庭也属于高脆弱性群体。

6.2.2.3　人类健康

人类健康对天气的转型及气候变化很敏感，气候变化影响人类健康的基本方式有三种。首先是直接影响，体现在气温、降水变化以及有高温热浪、暴雨洪涝和干旱等事件造成的暴露效应；其次是通过自然系统造成的间接影响，如生物性传染病、水源性传染病和空气污染等；最后是受人类系统调节的间接影响，如职业、营养不良和心理压力等。气候变化造成人类健康脆弱性差异的主要影响因子包括地理位置、当前的健康状态、年龄、性别、社会经济状况以及公共卫生和其他基础设施。

近几十年来，气候变化对人类健康造成了负面影响，但相对于其他因素的影响而言还较小，且缺乏充分的定量评估。温度的升高已经导致人类热相关疾病和死亡风险增加。局地温度和降水的变化已经改变了水源性疾病和病媒生物的分布范围，减少了脆弱人群的粮食产量。在气候变化背景下，可能会出现新的健康问题，而现有的疾病（如食源性疾病）可能会在目前的非流行区出现。到 21 世纪中期，气候变化将继续影响现有的健康状况，主要体现在：①更强的高温热浪和火灾会导致更大的伤害、疾病和死亡风险；②贫困地区粮食产量的减少会导致营养不良的风险增加；③食源和水源性疾病及病媒传播疾病的风险增加；④由于极端低温的减少，一些地区与冷气候相关的死亡率和发病率会适度下降，这是由于温度超过一定界限会引起作物种植区域变化，从而使载体携带疾病的能力下降。然而，从全世界角度来看，气候变化对人体健康产生正面效应的规模和程度远不及负面效应。对于从社会经济快速发展中受益的人群，气候变化对健康的影响将减轻，但不会消除，尤其对于极度贫困和健康状况很差的人群。自21世纪以来，有些地区人体热调节的上限经常被超越，尤其对体力劳动者。高温高湿天气将影响正常的人类活动，包括粮食种植和户外作业。

6.3 气候变化对全球主要区域的影响和风险

根据政府间气候变化专门委员会第四次报告（IPCC AR4）以来的研究，近几十年来，气候变化对全球主要区域内关键领域的影响格局如图6-6所示。气候变化对全球各区域的自然系统和生物系统的影响均较大，尤其是对于冰川冻土、陆地生态系统和海洋生态系统，气候变化贡献显著。在人类和受管理的系统中，气候变化严重影响欧洲、大洋洲的粮食生产。在生计、健康和经济领域，大洋洲和北极（专栏6-2）的气候变化贡献显著，小岛屿地区（专栏6-3）气候变化贡献则相对较小。

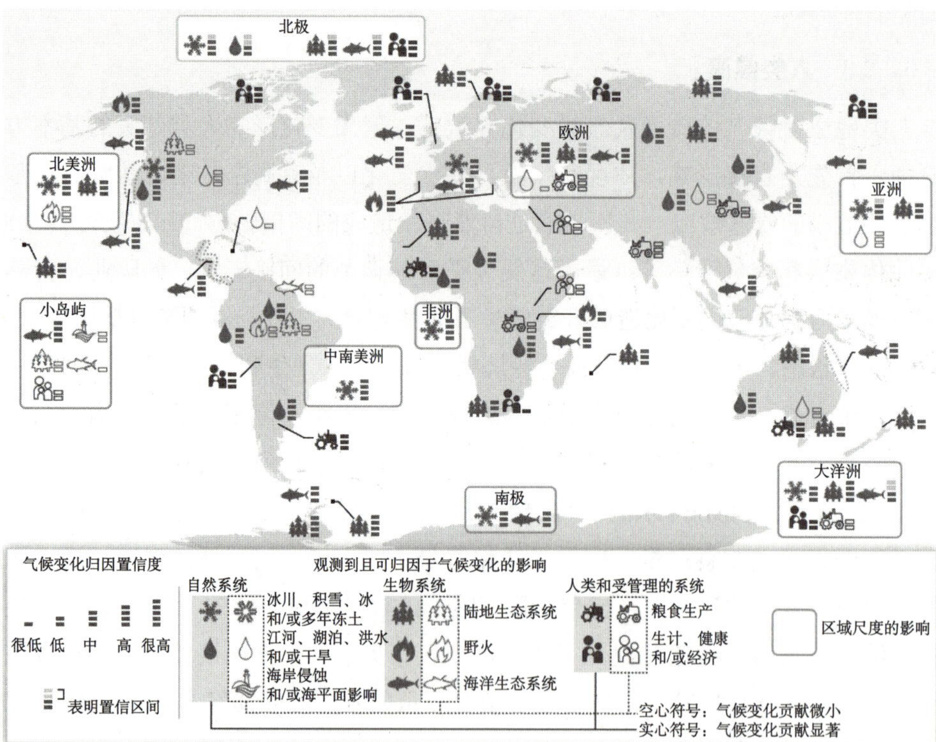

图6-6 气候变化对全球主要区域内关键领域的影响

（该图引自IPCC，AR4）

6.3.1　亚洲

研究表明，在许多地区，气候变化将导致农作物产量的下降，虽然其对粮食生产和粮食安全的影响随着地区的不同而改变，但许多地区正在出现生产力下降的现象。尽管未来对区域尺度上的降水以及亚洲大部分地区淡水资源的预测存在不确定性，由于对水需求的增加和缺乏有效的管理，对亚洲大部分地区而言，缺水将是一个巨大的挑战。气候和非气候因素对陆地生态系统的压力越来越大，观测到的路面影响将增加。例如，冻土退化、冰川消融、植物物种分布迁移、季节生长力和生长期的变化。海岸带和海洋生态系统。如红树林、海草床、盐沼和珊瑚礁，在气候和非气候因子的驱动下，将承受越来越大的压力。在亚洲的北极地区，海平面上升以及多年冻土层和无冰期的变化都将增加海岸侵蚀率。极端事件将对人类健康、安全、生计和贫困群体产生更大影响，不同地区的影响幅度和方式也不同。

6.3.2　欧洲

自 20 世纪 80 年代以来，欧洲农业生产已经受到增暖的不利影响：气候变化导致北欧地区的谷物产量增加而南欧地区的产量降低。气候变化将增加欧洲的灌溉需求量，但由于径流减少、其他行业需水量增加和经济成本增加，未来的灌溉将受到限制；同时，强降水事件的频次和强度的增加将进一步增加欧洲沿海和河道洪水的风险。气候变化将使沿海湿地消失或发生迁移；还将导致生长线北移，增加北欧地区的森林生产力。气候变化将改变北欧植物病虫害的季节活动和害虫物种分布，导致欧洲动植物栖息地和物种的改变以及局部的灭绝和大陆尺度的迁徙，外来物种的引进和扩散将增加。观测到的增暖已经使海洋鱼类的分布范围向高纬度扩展，并导致物种身体尺寸缩小，但不会降低渔业经济总量。除斯堪的纳维亚半岛以外，由于降水减少，欧洲的水利发电量将可能减少；气候变化对风能发电略有影响。

气候变化将加剧对人体健康、农业生产、能源开采、交通运输、观光旅游、劳动效率和建筑环境的负面影响。气候变化对南欧经济活动的影响超过欧洲其他地区，生态服务系统将发生萎缩，阿尔卑斯地区的生态系统服务将消失。气候变化将改变一些人类传染病的分布和季节变化，但不会导致新型传染病的传入；气候变化和海平面上升将造成欧洲文化遗产的损毁；气温上升将导致采暖需求降低而制冷需求增加。

6.3.3 美洲

6.3.3.1 北美洲

北美大部分地区的夏季将极有可能更加频繁地出现高温热浪，导致一些疾病的发病率和死亡率的增加，并且那些在当前气候条件下出现季节性积雪的地区，也将出现更多的少雪年。伴随着与积雪减少、水质下降、城市内涝、城市供水和灌溉减少及其相关的潜在影响，气候变化将增加已经受非气候因子影响的水资源风险，人类活动则进一步加剧了这些影响。气候变化已经并仍在对整个北美的许多生态系统产生影响，增温 2℃将扩大对生态系统的不利影响，温度升高、CO_2 浓度增加、海平面上升增加了生态系统的压力，尤其在面对极端气候时。

在许多情况下，气候变化加剧了人类活动（包括土地利用的变化、非本地物种的引进和环境污染）对生态系统的影响。到 21 世纪末，未来气温升高、降水减少及极端事件频率增加，将导致北美许多地区主要农作物净生产力下降（在无适应条件下），而另外一些区域（特别是北美北部）的农业则会因此受益。在不同的信度水平下，北美人类定居点出现严重的社会经济影响已经被认为是由与气候相关的过程而引起的，土著居民区和高密度人口区的脆弱性尤为显著。

6.3.3.2 南美洲

在过去的 60 年里，气候变化和极端事件的变化已经对中南美洲产生了严重影响；冰雪圈正在发生很明显的变化，严重影响径流及水资源供给；土地植被变化可能会显著提高气候变化潜在的负面影响。尽管对当前水资源供给存在高度脆弱性的地区进行气候变化预测具有很高的不确定性，但由于气候变化的影响，预计这一脆弱性在未来将继续增加。

气候变化对人类健康正在产生负面影响，发病率、死亡率和致残率增加，表现为在一些地区再次出现之前已经被根除或控制的疾病。气候变化引发的农业生产力的变化预计会具有高度的区域差异，到 21 世纪中叶，南美洲东南部的生产力将持续上升，而近期（到 2030 年）中美洲的生产力将减少，威胁着最贫困人口的粮食安全，大多数国家持续居高不下的贫困水平导致在面对气候变化时，依然具有较高的脆弱性。

半干旱地区降水量的减少和蒸散量的增加将加剧水资源供应短缺的风险，从而影响城市、水力发电和农业。自然生态系统的转变是该地区生物多样性和生态系统消失的主要诱因。气候变化将加快物种灭绝的速度。对于海洋生态系统，海平面上升和人类活动使渔业资源、珊瑚、红树林、休闲旅游及疾病控制面临的风险增加。气候变化将进一步加剧贫困地区在水资源、卫生防疫和废弃物收集系统、营养均衡、生态环境和粮食生产方面的脆弱性，增加这些地区居民未来的健康风险。

6.3.4　非洲

受气候变化的影响，非洲许多国家和地区的农业生产及食品安全正在进一步恶化，气温的升高和降水的变化很可能导致谷类作物产量的减少。气候变化将进一步增加当前水资源可利用量及农业生产所面临的压力，预计气候变化所产生的最大影响发生在非洲的半干旱区。气候变化引起的海平面上升以及其他极端事件（涨潮水位和风暴涌浪）对沿海地区具有潜在威胁，海洋酸化及洋流的变化对海洋生态系统，尤其是珊瑚礁系统产生不利影响，进而影响以渔业为主的一系列重要经济活动。气候变化可能会进一步加剧人体健康的脆弱性，增大对人体生命安全的威胁，进而增加为了满足人体健康需求而支出的成本。

6.3.5　大洋洲

海表温度升高和海洋酸化使澳大利亚珊瑚礁系统群落的结构发生显著变化。受气温升高、火灾风险和干旱化趋势增加的影响，澳大利亚山地生态系统和一些特有物种有灭绝的危险。尽管极端降水的变化依然不确定，但在澳大利亚和新西兰，洪涝对住宅和基础设施损害的频次和程度在增加。受气温升高和寒季降水减少的影响，澳大利亚南部可用水资源受到系统性限制。受极端温度频率和强度增加的影响，在澳大利亚，高温热浪导致一些疾病的发病率、死亡率和基础设施损坏率上升。受干旱化和气温升高的影响，在澳大利亚南部大部分地区和新西兰许多地区，野火对生态系统、居民区、经济和人类生命安全的损害在增加，澳大利亚和新西兰沿海的基础设施、低洼地生态系统将受到广泛影响。严重干旱将对墨累—达令盆地、澳大利亚东南部、新西兰东部和北部一些地区的粮食产量产生显著的负面影响。在大洋洲大陆的西南部和东南部以及新西兰的一些河流，淡水资源预计将减少。降水的变化和气温的上升将导致农业生产区迁移，许多本地物种的栖息地范围将缩小，一些物种甚至面临区域乃至整体性的灭绝。但一些地区的某些行业或部门有可能受益于未来的气候变化和大气 CO_2 浓度的增加。例如，在新西兰和澳大利亚南部，冬季疾病的发病率以及冬季供热的能源消耗将降低，有利于寒冷地区的森林生长。

专栏 6-2 气候变化对极区的影响和风险

在北极和南极，快速的气候变化及其相关影响将超过自然和社会系统中某些部分的适应速度，一些海洋生物将改变它们的活动范围来适应变化的海洋和海冰条件。由于非本土物种的入侵，气候变化将增加陆地生态系统的脆弱性，这些入侵很可能由人类活动直接造成。伴随着海洋生态系统内部能量路径的相关变化，夏季海冰的消融预计会提高北极的远洋次级生产力。季节生物量的生产期偏差将会摧毁食物链中的物候匹配性，从而导致动植物的存活率降低；海洋酸化会抑制一些浮游生物卵的孵化和外壳的形成，从而对极区的食物链具有潜在的深远影响。气候变化正在影响南极和北极的陆地及淡水生态系统。在北极的许多地区，苔原落叶灌木和草地的丰富程度和生物量已经有了大幅增加，林线向北迁移，高大灌木显著增加。在南极，增加的能源供给（升温）和水资源供给，将促进陆地和湖泊生物群落复杂性的发展。气候及其他大尺度变化对北极的社会结构具有潜在的巨大影响，北极地区许多原住民和农村居民的粮食安全已经并正在受到气候变化的影响，这些影响预计在未来将显著增加。北极地区小而零散的经济体只有有限的适应选择。气温的升高导致多年冻土进一步融化，并改变降水格局，这对于北极地区所有的基础设施和相关服务都具有潜在的影响，北极的适航性增加，陆地交通和内陆航运网的扩展将增加当地经济发展的机会。

专栏 6-3 气候变化对小岛屿地区的影响和风险

对于大部分小岛屿而言，气候变化只是其必须应对的众多压力中的一个，而且气候变化往往并不是最重要的，国际社会援助对于支持小岛屿适应和减缓方案非常重要。在气候和非气候因素的影响下，小岛屿具有高度的脆弱性，并且这种脆弱性可能与岛民对气候与非气候压力的经验和看法有关。由于物理和人文属性及其对气候相关驱动因子的敏感性不同，不同的国家及岛屿具有不同的气候变化风险和适应性。同时，小岛屿面临的风险可能来自跨越边界的相互作用，比如外来物种入侵。海平面上升是小岛屿及环礁沿海低洼区域面临的主要威胁之一，大大增加了沿海洪水和土壤侵蚀的风险，而海浪冲刷将对地下淡水的蓄水层产生直接的负面影响。由于海表温度上升，珊瑚礁生态系统的退化将对岛屿社区和生计产生负面影响。

6.4 气候变化对中国关键领域的影响和风险

6.4.1 粮食安全

中国是世界人口大国，也是粮食消费最大的国家。在国际粮食贸易中，中国存在明显的大国效应和连锁反应。因此，在气候变化的情景下，保障我国粮食安全具有重要意义。尽管目前国内外对粮食安全的评价，还没有通用的研究方法和一致的研究结论，但有关粮食安全的研究仍是重中之重。目前的研究认为，如果只考虑温度升高，中国粮食自给率将下降 0.4%；如果考虑到 CO_2 的肥效作用，粮食总产量仍保持上升态势。如果考虑到农业生产对气候变化的适应，如技术进步、品种更替等，则我国粮食自给率可达 99.2%，基本可以实现粮食自给自足。水资源短缺是我国农业发展最大的限制因素，使三大粮食作物总产增加程度降低 8% ～ 15%；土地不合理利用及耕地质量下降也会造成我国粮食总产降低，但幅度小于水资源导致的减产幅度。

随着全球气候变化，中国作物布局发生变化，适宜种植区面积扩大。但由于极端气候发生频繁，农业风险具有风险单位大、区域性、伴生性、风险事故与风险损失的非一致性，以及农业灾害发生频率高且损失规模较大等突出特点，导致我国三大粮食作物（玉米、水稻、小麦）生产面临的气候风险增加。玉米对气候变暖的敏感性高于小麦，呈减产趋势，热带地区作物产量对气候变暖的敏感性高于温带地区，雨养农业区作物产量的敏感性高于灌溉农业区，并且粮食品质也会受到影响。

综合考虑农业资源要素、种植制度、人口总量、城市化率、耕地面积、技术进步等，2030 年，我国粮食总产量将为 6 亿 t 左右，2050 年将超过 6 亿 t。根据情景模拟，我国粮食安全指数（Food Security Index，FSI）总体上随着人口数量等变化将呈现先减后增的趋势，将从 2009 年的 24% 分别变化至 2030 年的 -4.5% 和 +10.2%，2050 年又增加至 +7.1% 和 +20%，但是这一增长必须建立在中国人口数量实现预期减少的基础上。

6.4.2 水资源安全

在气候变化背景下，部分流域极端气候、水文事件频率和强度可能增加，从而加剧我国水旱灾害频发的风险，影响现有水利工程和水灾害应急管理系统。我国地理环境的区域分异性，使得河川径流对气候变化非常敏感，水资源系统对气候变化的承受能力十分脆弱。加之我国人口众多，经济发展迅速，耗水量不断增加，许多地区面临着水资源短缺风险。1961—2020 年，中国地表水资源量年际变化明显，20 世纪 90 年代以偏多为主，2003—2013 年总体偏少，2015 年以来地表水资源量转为以偏多为主。2020 年，中国地表水资源量较常年值偏多 8.9%，松花江、淮河和长江流域地表水资源量明显偏多，依次较常年值偏多 37.5%、24.3% 和 22.3%。其中，长江和松花江流域地表水资源量均为 1961 年以来最多，淮河流域为 1961 年以来第三多。2020 年 8 月，鄱阳湖水体面积为 4 110 km^2，是 1989 年以来同期的第二大值，仅小于 1998 年 8 月。1961—2004 年，青海湖水位呈显著下降趋势；自 2005 年以来，青海湖水位连续 16 年回升；2020 年，青海湖水位为 3 196.34 m，已达到 20 世纪 60 年代初期的水位。按照目前的发展路径，20 世纪 30 年代左右，中国水资源系统面临更高的脆弱性和风险，中脆弱性及以上区域面积明显增大，极端脆弱区域面积进一步扩大。随着对水需求的进一步增加，水资源安全风险明显上升，呈现从东南向西北递增格局。

根据英国哈德利（Hadley）气候中心开发的区域气候模式 RCM-GPRECIS，采用 VIC 模型分析不同气候情景下 2021—2050 年较基准期（1961—1990 年）的年径流量及汛期径流量变化的结果表明：就全国而言，南方各流域径流量以增加为主，北方多数流域径流量可能减少。气候变化将可能进一步增加我国洪涝和干旱灾害发生的概率，加剧我国北旱南涝的现状。特别是海河、黄河流域所面临的水资源短缺问题以及浙闽地区、长江中下游和珠江流域的洪涝问题，这将给水资源的管理提出更加严峻的挑战。

目前，对未来水资源情景评估尚存在较大的不确定性，其主要源于未来气候变化情景的不确定性以及由所采用的评价模式结构和参数引起的不确定性。相对而言，未来气候变化情景对水资源影响评价的不确定性更大。具体而言：①气候变化的不确定性带入到水文模型的输入项，直接造成预估结果的不确定性；②中国气候年代际转型出现的时间和强度存在不确定性。在东部主要表现为雨带的年代际南北向带状转移，在西部主要是季风和西风带强度和配置变化；③西部内陆干旱区河流极大地依赖于冰雪融水，其水资源变化预估还受制于冰冻圈（冰川、冻土、积雪）变化的不确定性；④未来人类活动，尤其是对水资源开发利用的强度存在不确定性，也会影响对江河径流总量及其时空变化的预估。

进入 20 世纪以来，随着全球气候变暖，特别是进入 80 年代以来的快速增温，大多数冰川处于退缩趋势。20 世纪上半叶是冰川前进期或由前进期转为后退的时期；50 至 60 年代，冰川出现大规模退缩，但并未全面退缩；60 年代末至 70 年代，前进冰川的比例增大，退缩冰川的退缩幅度减小；自 80 年代以来，冰川后退重新加剧；自 90 年代以来，冰川退缩强烈。现在虽仍有个别冰川在前进，但高原冰川基本上转入全面退缩状态。自 20 世纪以来，中国西部山区冰川面积减少 21%。近 30 年，天山区域的冰川退缩程度为 15% ～ 30%。冰川退缩对水资源的影响正在显现，新疆冰雪融水流量最大值已从过去的五六月提前至四五月。近几十年来，在全球变暖和冰川退缩加快的大背景下，青藏高原的七大江河径流量亦呈现出不稳定的变化。从趋势上看，短期内冰川退缩将使河流水量增加，但亦会加大以冰川融水补给为主的河流或河段的不稳定性；而随着冰川的持续退缩，冰川融水将锐减。以冰川融水补给为主的河流，特别中小支流将面临逐渐干涸的威胁。以长江源区为例，长江源区冰川多为极大陆型冰川，消融期一般集中在 5—9 月，同时也是源区的雨季，而冰川的洪峰流量一般都出现在 7—8 月，降水补给也在此期间发生，从而加剧了源区河川径流量年内分配的不均匀性。在 20 世纪 90 年代之前，源区大多数冰川处于前进或稳定状态，在此之后，源区冰川出现了大规模的退缩。反映在对河川径流的影响上，以布曲流域的影响最大，估计由此增加水量 940 万 m^3；其次是沱沱河水系，估计增加水量为 550 万 m^3，长江源径流的总体影响估计为 0.19 亿 m^3。

6.4.3　生态系统

通常，高温降低植物的光合速率，提高植物的自养呼吸速率，从而降低植物的净初级生产力；水分则通过影响植物光合作用进而影响植被净初级生产力。

温度对植被季相变化的驱动作用大于水分。其中，温度条件在一年四季中对大部分植被生长都起着促进作用，尤其在春秋两季更为显著，而水分条件在春季对大部分植被生长均起着促进作用。植被生长与气候条件之间表现出一定的滞后性，其中以水分条件对植被生长的滞后效应较为显著。风速对荒漠植被的生长具有较大的影响——风速的降温作用能促进荒漠植被的生长。因此，在中国西北地区，大气扰动对植被的影响尤其重要。

中国植被的总生物量、地下和地上生物量受气候影响明显，在暖湿的东南和西南地区，生物量较大，而在干冷的西部地区，生物量较小。除灌木外，植被生物量大小的空间分布受水分的影响大于温度。中国区域植被根茎比的空间分布存在明显区域差异，全国大致以大兴安岭、太行山、秦岭以及青藏高原东南侧一线为界线。界线东南，植被根茎比较小；界线以西，植被根茎比较大。植被根茎比的空间分布与年均气温、土壤湿度和年降水量呈显著的负相关，水分因子对根茎比空间分布的影响大于温度。

植被对气温和降水的响应随区域环境条件改变有所不同。通常，干旱半干旱地区，植被对降水更为敏感。如新疆地区，降水主要是影响植被峰值的起落，而植被演变趋势主要受气温控制。新疆天山云杉树木生长主要受降水影响，且从西部到东部，随水分的递减，树木生长对温度的响应由正相关变为负相关，对降水的响应以正相关为主。降水是影响黄土高原地区植被覆盖变化的重要因素，月降水量小于 60 mm，归一化植被指数（NDVI）与降水量呈线性关系，月降水超过 60 mm 后，NDVI 不再有明显的增长趋势。自 20 世纪 80 年代初至 2000 年，降水量是决定青藏高原地区植被整体覆盖年际变化和波动的主要气候驱动因素。气温持续增高导致活动积温增加，有利于高原南缘湿润地区植被的生长，却使高原北部地区干旱加剧，不利于植被覆盖的改善。

生态系统对气候变化的脆弱性，是指陆地生态系统受到气候变化的不利影响的程度。根据 IPCC 对研究时段的划分标准：1961—1990 年为基准时段，1991—2020 年为近期，2021—2050 年为中期，2051—2080 年为远期。各时段以 30 年平均值进行分析，与基准时段相比，近期气候变化对中国生态系统的影响不大，但中、远期气候变化对生态系统的负面影响较大。中国东部地区脆弱程度呈上升趋势，西部地区呈下降趋势。未来，气候变化将使中国东部地区自然生态系统的脆弱程度呈上升趋势，西部地区呈下降趋势，自然生态系统脆弱性的总体格局没有显著变化，仍呈西高东低、北高南低的特点。

6.4.4 人体健康

气候变化对人类健康产生的影响，主要有直接和间接两种，且以间接影响为主。直接影响主要包括日益增加的自然灾害（如热浪强度和持续时间的增加等）导致的疾病（如心脑血管和呼吸系统疾病）或死亡。例如，2013 年 7 月，我国南方极端高温天气，部分地区最高气温可达 37 ～ 39℃，局地达 40℃以上。据不完全统计，截至 8 月，全国各地频频出现“热死人”现象，安徽出现 2 例热射病死亡病例，上海出现 2 例死亡，江苏 2 例死亡，湖南有 3 例环卫工人中暑身亡。未来，气候发生变化，气温升高、降水发生变化，大气中的 CO_2 气体含量增加，均可能对人类健康产生较大影响。

6.4.4.1 健康

中国东部沿海和西部地区受高温热浪的影响较高，热浪对健康的直接影响可表现为热相关疾病。热浪期间的一些慢性病，如心脑血管疾病、呼吸系统疾病、精神疾病等的发病率和死亡率也有所上升。此外，细菌性痢疾等感染性疾病的患病率也明显增加。在热浪期间，病死率将增加 1 ～ 2 倍。虽然总心脑血管疾病死亡人数呈现冬高夏低的“U”形特征，但不同病种的心脑血管疾病的季节分布也不完全相同，有的甚至呈现相反的趋势。夏季在高温酷热条件下，同样可造成心脑血管疾病发病率上升。近期研究表明，在未来很长一段时间内，心脑血管疾病在华中地区的多发月份一般为 10 月至翌年 4 月，高峰在 12 月至翌年 2 月，同时，在酷热天气下也会有高的发病率和死亡率。热浪期间人群死亡率存在“滞后效应”。即高温不仅影响当日死亡率，同时还会对后几天的疾病死亡率产生影响。对北京居民热浪期间每日非意外死亡和呼吸系统疾病死亡人数的影响研究显示，热浪对居民非意外死亡影响的滞后期一般为 2 ～ 3 d，对呼吸系统疾病死亡的滞后期为 2 ～ 5 d。在热浪造成的死亡中，老年人是风险最大的人群，衰老降低了人体对热的耐受，增加了老年人在热浪期间的健康风险。其次风险较大的是儿童，特别是那些年龄很小的儿童。高温暴露会导致儿童患热相关疾病，机体由于适应高温环境而进行的一系列体温调节反应和体循环调整会导致儿童肾脏负担增加或引起肾脏相关疾病。此外，在热浪期间，患有精神疾病、糖尿病、肺病、心血管疾病和脑血管疾病的慢性病患者风险要高于正常人群。空气的温度、热辐射、风速、湿度、服装和活动量等都是影响人体对环境舒适度的因素。同时，在不具备适当防护的条件下，从事那些必须在炎热天气下进行的工作，尤其是需要付出高强度体力工作的人，在炎热天气健康损害的风险增加。这种健康损害可能出现在很大年龄跨度和不同职业的人群中，包括运动员、农民、建筑工人、消防员、仓库管理员、快递员和服务员。

6.4.4.2　血吸虫病

气候变化对血吸虫病传播的间接影响尤为突出。某一地区的最低气温可决定该地区的钉螺分布范围。气候变化引起的湿度变化对血吸虫病传播的潜在影响也较为明显，湿度可改变钉螺孳生地的植被而影响钉螺的分布范围及密度。降水量及水域面积或地面积水面积增加，也可促使血吸虫毛蚴感染钉螺的概率上升，尾蚴逸出量增多，哺乳动物接触疫水的机会也相应增大，原血吸虫病流行区的流行范围和流行程度也将扩大和加重。

21 世纪初，我国长江流域的血吸虫病疫情呈扩散趋势，新流行区不断被发现。同期全国冬季气温呈明显上升趋势，冬季变暖有利于钉螺越冬。利用疾病传播模型预测，2050 年血吸虫病潜在流行区北移扩散面积为 35 万～ 40 万 km^2，原流行区的血吸虫病传播强度增加，血吸虫病北移敏感区域是今后我国血吸虫病流行区北界线的监测工作重点。

6.4.4.3 疟疾

气候变化同样直接和间接影响疟疾传播，而对疟疾传播的长期影响可能以间接影响为主。直接影响主要包括温度、降水量及湿度等因子对疟疾传播的影响。环境温度以多种方式影响疟疾的传播，温度支配媒介蚊虫的活动，从而决定疟疾的地理分布，环境温度增高，蚊媒世代发育的时间缩短，媒介密度增高，传播速率增大；温度也影响蚊媒的寿命和吸血行为，温度升高，两次吸血间隔缩短；温度还影响疟原虫在蚊体内的发育，疟原虫在蚊体内发育有一个最低的温度阈值。当温度升高1～2℃时，云南省微小按蚊地区间日疟传播潜势可增加0.39～0.91倍，恶性疟传播潜势可增加0.60～1.40倍。当温度上升1℃时，疟疾传播季节可延长约1个月；当温度上升2℃时，传播季节可延长约2个月。降雨季节的分布也左右着疟疾流行的年内季节变动，中国南部与缅甸边境、东北部与朝鲜接壤边境以及中部黄淮平原地区将是全国气候变化的敏感区域，需加强监测与预防控制措施的实施。气候变化引起的洪水过后，媒介孳生地扩大，湿度增高，蚊虫密度迅速上升，寿命延长，且灾民通常较集中，生活条件及防蚊条件差，致使疟疾发病迅速上升。再者，随着全球气候的变化，夏季时间和高温时间延长，居民露宿现象相应增加。特别在广大农村地区，居民露宿普遍，造成人蚊接触增多，疟疾流行程度加重。按大气环境模型（General Circulation Model，GCM）预测，到2100年，全球平均气温升高3～5℃，疟疾病人数在热带地区将增加2倍，而温带超过10倍，估计疟疾病例每年增加5 000万～8 000万例。

6.4.4.4 登革热

气候变化通过虫媒的地理分布范围的变化、繁殖速度的提高、叮咬率的增大以及病原体潜伏期的缩短而直接影响登革热传播。气候变化的趋势能使登革热的分布扩散到较高纬度或海拔较高地区。在蚊虫的生存范围内，温度的小幅度升高就会使蚊虫叮咬更加频繁，增加传染性。海南省北部地区的整个冬季（3个月）的温度不适于登革热的传播，而南部地区的冬季温度可能适于登革热的传播，但也仅稍高于适于传播的临界温度。在气候变化的条件下，特别是持续出现暖冬的情况下，当冬季月平均温度升高1～2℃时，海南省登革热传播的条件有可能发生根本性改变，北部地区可能变为终年均适于登革热传播，而南部地区的传播均处在较高水平，从而有可能使海南登革热的非地方性流行转变为地区性流行，使登革热的潜在危害性更为严重。以21℃作为适于登革热传播的最低温度，提示冬季气候变化将使海南省半数以上的地区到2050年将具备登革热终年流行的气温条件。

6.4.5　社会经济系统

6.4.5.1　农业经济

针对气候变化对农业经济影响的研究，主要集中在对作物产量的影响和行业经济的宏观影响两方面。根据经济气候模型，提取中国 1980—2000 年大尺度气候变化的信号作为投入因子，可以得到气候变化对粮食作物总量变化的全国平均贡献为 3.61%。其中，小麦产量和稻谷产量的比例分别为 5.56% 和 2.52%。农业经济对气候趋势和周期波动的敏感性有明显的区域差异。1985—2004 年，粮食单产与生长季（4—10 月）气温存在显著同步增加趋势的地区，主要位于三大地理过渡带上。①地势第一、第二阶梯过渡带的东半部；②从太行山东麓—河南黄河沿岸到湖北—湖南—广西中部的地势为第二、第三阶梯过渡带；③长江沿线及浙江北部地区。单产对 4—10 月气温和 5—9 月降水量的周期波动变化的敏感区，主要集中分布在三个地区：①夏季风区与非季风区分界线和胡焕庸人口地理线之间的地区，常年缺粮区占优势，秦岭以北单产波动系数很大；②江西、浙江、福建是余粮区和常年缺粮区并存、单产波动变化很小的地区；③吉林、辽宁东部、河南、安徽，粮食播种总面积的波动系数小，单产波动系数较全国高，主要为受气候波动影响而产量不稳定的主要余粮区。这都说明在气候变化的背景下，中国粮食供应稳定性下降。

在各行业经济中，农业对区域和全球气候变化高度敏感。采用计量经济效益分析方法，在控制资本和劳动力影响因素的条件下，1984—2006 年，中国 GDP 总值对气象条件变化影响的敏感性约为 12.36%。其中，农业对气象条件变化敏感性达 25.4%，明显高于其他行业。各省域行业经济产出对气象条件敏感性影响总体特征为，北部大于南部，西部大于东部。引入弹性和极差率的概念，定量评估 1978—2006 年气象条件变化对中国农业经济产出的影响，＞ 10℃活动积温与华北农业经济产出显著正相关，其值每增加 1%，华北农业经济产出增加 0.95%；与西南农业经济产出显著负相关，其值每增加 1%，西南农业经济产出减少 0.18%。气温标准差与华北、华南农业经济产出显著负相关，与西南、西北农业经济产出显著正相关。标准差增加 1%，华北、华南农业经济产出分别减少 1.5% 和 0.24%，西南和西北分别增加 0.4% 和 0.54%。降水与华中农业经济产出显著负相关，每增加 1%，农业经济产出减少 0.18%。降水标准差与华北农业经济产出显著正相关，每增加 1%，农业经济产出增加 0.21%。在保持经济因子不变的情况下，这 4 个气象因子对区域农业经济产出变化幅度的贡献从大到小分别是华北 19.5%、华南 14.1%、华中 9.5%、青藏 8.8%、西南 6.7%、西北 5.7%、华东 3.7% 及东北 3.4%。

未来气候变化可能对中国的水稻、玉米和小麦三大作物粮食生产有明显的影响。

结合作物模型和区域气候情景模型，如果不考虑 CO_2 的肥效作用，玉米平均单产将有所减产，20 世纪 40 年代，降低幅度大约在 10%。CO_2 的肥效作用对作物单产的影响是不可忽视的。这种作用在小麦上最明显，水稻和玉米相对较小。总体来看，国内对气候长期变化的农业经济影响的研究，主要还是对农业经济的直接影响和静态评估。需要改进的方面包括：其一，综合考虑气候变化和经济变化过程的动态评估；其二，需要考虑减缓气候变化影响技术和措施，包括结构调整、品种改良、种植方式的改进、农业管理技术改进等；其三，需要综合考虑气候变化对农业和其他行业经济的影响，特别是水资源在不同产业之间的分配（如农业和工业用水分配）、水资源在不同地区的分配（如黄河流域上、中、下游）；其四，目前评估多是中国农业经济系统的孤立研究，没有考虑全球其他地区和国家的情况，主要是没有考虑国际市场供需和贸易。

6.4.5.2 林业经济

林业是对气候变化比较敏感的行业，其主体森林生态系统的产品及其生态服务受气候变化的影响显著。气候变化对森林生态系统的影响取决于具体生态因子及其相互作用，气候变化将影响生态系统过程，进而影响生态系统生产力与生态系统服务功能。对于林业经济而言，森林资源的价值构成大致分为三部分：经济效益价值、生态效益价值、社会效益价值。气候变化的趋势及其波动对森林资源这些价值均产生了显著的影响。气候变化对林业经济效益的影响体现在林业产品（原木、木质燃料、非原木产品等）的供应、需求及价格等各个方面。据联合国粮食及农业组织的统计，全球 30% 的森林主要用于木材和非木材产品的生产。评估模型表明，气候变化将增加全球原木的生产力，这一方面是由于增温导致大多数重要的林业物种向高纬转移，另一方面是气候变化使温度增加、生长季延长、大气中 CO_2 浓度增加，从而促进了植被的生长。

研究表明，气候变化将增加美国、俄罗斯等地的木材产出，从而相应地降低木材的价格。对于中国而言，气候变化对中国木材产出和收益的影响多是正面的，其原因在于单位面积木材产量的增加。到 2050 年，中国的木材产出将增长 10% ～ 11%，之后将增长 17% ～ 30%。受供给与需求变化的影响，模型研究预测全球原木将进一步增加，而价格的变化将在 20% 左右。

气候变化对林业木质燃料的供应与需求同样有显著的影响。从全球来看，薪材约占木材采伐量的一半，如果考虑每年约 15% 的工业原木最终被用作燃料，实际用于燃料的量占总收获量的 60% ～ 65%。在中国，1990 年、2000 年、2005 年木质燃料采伐分别为 6 360 万 m^3、7 594.8 万 m^3、6 367.6 万 m^3。受气候变化所导致的森林生产力提高的影响，不同类型的木质生物质能源利用的潜力将增加。然而，尽管气候变化对林区贫困人口及木材、烧柴和非木质林产品生产将产生重要影响，但目前还难以进行准确的估计。作为化石能源的替代产品，其利用不仅受气候变化的影响，还受能源价格的上升及新技术的影响。

在林业产品中包含着非常广泛的非原木森林产品与产业，如浆果与蘑菇、野生动物栖息地、涵养水土、生物多样性保护、旅游业与休闲场所、药用植物等。据统计，全球 8% 的森林以水土保持为主要目的，1990—2010 年，指定用于防护目的的森林面积增加了 5 900 万 hm^2，其主要原因是中国为防治荒漠化、保持水土等保护目的而开展的大规模的植树造林活动。森林的非原木森林产品的服务价值对全球 12 亿极度依赖森林的人群极其重要。气候变化在改变森林生态系统生产力和原木生产的同时，也改变着森林生态系统的服务水平和质量，从而对这些非原木产品的品质与供给产生影响。

由于森林生态系统能够有效吸收大气中的 CO_2，其在全球气候变化中所扮演的碳汇功能与价值越来越受到重视，由此产生的林业减排增汇机制对中国多功能森林经营的开展将产生巨大影响。采取措施加强森林生态系统的碳储存和碳汇功能，减少森林造成的碳排放，是林业应对气候变化碳管理的首要目标。中国森林生态系统的林龄整体偏低，受气候变化和大气中 CO_2 施肥效应的影响，中国森林的植被与土壤具有非常显著的碳汇功能。

气候变化对中国森林土壤碳汇的影响较为复杂，一方面，气候变化和 CO_2 施肥效应增大了森林生产力和土壤碳的输入；另一方面，全球变暖又导致土壤碳异养呼吸与土壤碳释放的增大。基于遥感和多源生态观测资料的数据模型融合研究表明，中国森林土壤整体上表现为碳汇，其强度约占森林生态系统总碳汇的 13.0%，接近全球森林土壤的平均值 12.8%。

气候变化对于中国林业总体而言，既有有利的一面，也存在挑战。①气候变化将对中国森林生产力、物种分布和生态系统稳定性产生重要影响，气候变化将加大中国森林资源保护和发展的难度；②气候变化将加剧土地类型和不同利用方式间的矛盾；③气候变化对全球木质和非木质林产品以及森林生态服务的供给产生影响；④随着《气候公约》谈判进程的不断深入，减少部分发展中国家毁林和森林退化造成的碳排放等行动将逐步纳入减缓气候变化的范畴，可能增加森林采伐和利用的成本，促进替代产品的开发与推广，有利于森林保护。

6.4.5.3　能源经济

气候变化对能源生产具有重要影响。降水量和蒸发量的变化能够影响河流径流量，进而影响水力发电。平均风速、风向，以及极端风速频次对风力发电有着重要影响。1957—2010 年，晋西北平均风速和风能密度呈明显减弱趋势，使得该地区风能资源与过去 50 年相比下降了 41.3%。对于火力发电而言，气温升高导致水温偏高，造成热交换的温度梯度减弱，从而降低了发电效率，减少了单位能源物质所产生的净热量。当空气温度升高 1℃，核能产出减少 0.8%，化石燃料产出减少 0.6%。由于火电发电量占全国总发电量的 81.81%，所以火电发电效率的微弱减少，将会导致发电量的巨大减少。气候变化对能源消耗同样存在显著影响。在 20 世纪 80 年代以前，旱涝灾害是影响中国能源消耗的主要原因。旱涝灾害越多，农业灌溉和排灌耗能越多。在 20 世纪 80 年代以后，旱涝灾害对能源消耗的影响减弱，而气温变化对能源消耗的影响逐渐加重。冬季平均气温升高导致中国大部分地区采暖期缩短 5 ～ 10 天。以吉林省为例，相对于 1971—2000 年，最暖采暖期理论上可以节约 35.98 万 t 标准煤当量。同时由于夏季气温升高，造成中国大部分地区夏季制冷需求明显增加。以广州市为例，夏季平均最高气温每升高 1℃，全年单位工业产值耗电将增加 2.02%，居民生活用电量将增加 1.25%。总体来看，气候变化对能源生产和消耗存在重要影响。其中，对火电生产和生活能源消耗的影响最大。目前存在的问题是 : ①在不同的火电生产技术中，缺乏对气温升高造成的发电量减少情况的定性和定量分析；②在美国和中国的生活能源消耗中，夏季降温带来的能源消耗增加和冬季取暖带来的能源消耗减少，二者基本能够持平，但是这种关系在不同区域和不同时间尺度上的变化，还需要进一步分析。

6.4.5.4 交通运输

气候变化对交通运输存在显著影响，这种影响会以“灾害链”形式向各个经济领域传递。暴雨、暴雪、大风、低能见度、高温和雷暴等天气现象的长期变化对航空运输存在重要影响。以雷暴为例，1981—2010 年，拉萨贡嘎机场的雷暴日数呈现显著的减少趋势，平均每 10 年减少 5.3 d。其中，20 世纪 80—90 年代相对偏多，比多年平均值分别偏多 4.2 d 和 3.2 d，2001—2010 年为少雷暴期，较多年平均值偏少 7.4 d，为近 30 年最少的 10 年。雷暴日数的长期减少，降低了雷暴对航空运输安全的影响。

影响铁路运输的灾害性天气有暴雨、暴雪、雷电、冻雨、大风、大雾和沙尘等。以陇海铁路宝鸡—天水段为例，近年来气候变化导致该地区暴雨日数增加，导致铁路路基沿河床移动，造成铁路沿线多地滑坡、泥石流等地质灾害，威胁着铁路运输安全。

影响公路交通运输的灾害性天气有雾、霾、大风、沙尘、强降水、雪、结冰等。近年来，中国经济发展迅速，大气排放增加，进而导致雾霾天气增多。中国大部分地区雾霾天气明显增多，主要集中在华北、黄淮、江淮、江南、江汉、华南，以及西南地区东部。雾霾日数增多直接导致大气能见度下降，影响上述地区的公路运输。总体来看，气候变化对交通运输的影响面较广，对公路、航空和铁路等运输活动均有影响。但是目前大多数研究只是分析了气象因子与交通事故的统计关系，对于气候因子变化造成的交通运输经济损失，缺乏进一步分析。

6.5　气候变化对中国区域的主要影响和风险

6.5.1　东北地区

6.5.1.1　水资源

东北地区人均水资源量 1 674 m^3/ 人，为全国的 72%，仅略高于华北、西北地区，属中国水资源较缺乏地区。空间分布总体表现为北丰南欠、东多西少的特点。受气候变化影响，松辽流域降水量和径流量呈减少趋势，但存在周期性的丰枯变化。1961—2012 年，松花江流域年降水量以 0.7 mm/10a 的速率下降，辽河流域以 6.1 mm/10a 的速率下降。21 世纪初为 1961 年以来降水最少时期。受降水的周期变化影响，松花江流域先后经历了 1956—1966 年的丰水期、1967—1982 年的枯水期、1983—1998 年的丰水期及 1999 年之后的枯水期。辽河流域也先后经历了偏丰—偏枯—偏丰—偏枯四个阶段，只是发生时段略有差异。

6.5.1.2　农业

气候变化对东北农业的影响主要体现在作物生长季的气候资源和气象灾害的变化。1959—2008 年，生长季开始日期提前，结束日期延后，生长季长度变长。1956—2009 年，≥ 0℃和≥ 10℃积温增加趋势明显，≥ 0℃和≥ 10℃积温初日提前、终日延后，20 世纪 90 年代后期变化趋势变缓。气温升高导致无霜期延长、作物生产潜力提高、作物栽培区域北移和扩大、粮食播种面积增加，粮食作物和玉米、水稻、大豆总产量呈增加趋势，对农业生产具有正面影响。例如，大豆种植区域明显北移，1971—2007 年玉米适播期提前 3 ～ 9 d（水分条件适宜时）、可种植带向北推进 1 个纬度，水稻适宜生长期平均增加 8 ～ 11 d。但升温也给农业带来了负面影响，主要体现在气候变暖导致病虫害面积扩大、危害加重、10 种以上新病虫害出现、次要病虫害上升为主要病虫害、害虫发生代数增加。另外，生长季降水量减少使得作物生长水分条件变差。

6.5.1.3　生态与环境

森林、黑土、湿地是东北地区重要的生态屏障和资源，在全国具有重要的战略地位，在国内以及国际都别具特色。降水减少和气温升高使得中国东北半干旱区界线变化呈整体向东、向南扩展的趋势。受气候变化和人类活动的共同影响，过去数十年，东北多年冻土退化显著，黑土流失严重。冻土退化南部快于北部、城镇快于田野、农田快于林区、采伐过林区快于原始林区。暖干化导致西部土地荒漠化严重，盐渍化、沙化土地向东扩展。科尔沁沙地较严重沙漠化土地 1995—2000 年以 0.61 km^2/a 的速度扩展。受气候变化和人类活动的双重影响，东北地区湿地生态系统严重退化，湿地大面积萎缩退化，生态功能严重衰退。变暖引起的海平面上升，对沿海城市也构成了直接威胁。

6.5.2　华北地区

6.5.2.1　水资源

华北地区是中国严重的缺水地区之一，人均水资源和单位国内生产总值水资源量都只有全国平均值的 15% 左右。2012 年，华北区域地表水资源量为 376.0 亿 m^3，地下水资源量为 436.5 亿 m^3，水资源总量为 642.1 亿 m^3，但北京、天津、河北和山西人均水资源量分别仅为 126.6 m^3、126.8 m^3、201.3 m^3 和 250.8 m^3，分别占全国平均的 7%、7%、11% 和 13%，水资源短缺形势严峻。在气候变化背景下，华北地区空中水资源量呈减少趋势。尤其是夏季（6—8 月）垂直积分的水汽通量以减少趋势为主，这与大气环流的变化密切相关。年平均降水量与年平均水汽含量存在明显的正相关关系，大气水分的减少是直接导致华北地区降水量减少的主要因子之一。气候变化也引起了本区蒸散发的下降，包括蒸发皿蒸发、潜在蒸散发和实际蒸散发。蒸散发的变化不仅仅受气温变化的影响，更受到日照时数、风速等气候要素的变化的影响，是包括降水在内的各种要素综合作用的结果。受气候变化和人类活动的共同影响，华北地区的海河流域实测径流量总体上表现出显著减少的趋势。气候变化在海河流域北部是径流减少的主要驱动因子，人类活动在海河流域南部是径流减少的驱动因子。由于径流的减少，华北地区主要水库的蓄水量减少，水库面积缩小。当然，水库水资源量的变化与人类活动（包括城市引水、农业灌溉等）也密不可分，这一点目前还很难定量地归因。

6.5.2.2　农业

华北地区气温的升高和降水的减少对农业生产造成了显著的影响。气候变暖影响本区冬小麦籽粒灌浆和作物产量。平原增温主要在 1—4 月，在作物生长特别需要水分的越冬时期和开花期降水反而减少，导致粮食生产力降低。有效生育期（日平均气温≥ 10℃）呈现出比较明显的增长趋势。气候变暖使得积温增加，作物生长周期缩短，有可能导致农业复种指数增加、晚熟品种种植增加，促进种植结构调整等。一年二熟制的北界在华北平原北部向北移动，两年三熟制和一年一熟制的区域缩小。另外，在一年两熟制作物适宜范围内，适宜小麦—玉米的 4 000 ～ 4 800℃的积温范围缩小，而适宜小麦—玉米 / 水稻的 4 800 ～ 5 500℃的积温范围北移扩张，且在平原南部积温更是超过了 5 800℃。在气候变暖背景下，华北区域年高温日数呈微弱的增加趋势，在高温胁迫下，小麦淀粉粒会受到伤害。轻度干热风的最长持续日数则从 20 世纪 70 年代到 2000 年以后一直呈现增加的趋势。干热风出现时，往往导致小麦灌浆不足，危害轻的年份一般减产 10% 左右，重则减产 20% 以上。华北区域干旱化倾向十分明显，20 世纪 90 年代后期至 21 世纪初，华北发生了连续数年的大范围严重干旱，使农业生产遭受了严重的损失。尽管在气候变暖背景下，华北地区低温日数减少，冷害的发生频次和强度都有所降低，但品种生育期延长，喜温作物种植面积扩大，作物种植北界北移也增大了出现冷害的风险。区域性和阶段性的低温冷害仍时有发生，而由于气候异常的事件增多，年内气温波动幅度加大，使作物障碍型低温冷害有频繁和严重的趋势。越冬冻害仍是华北区域农业生产的重大威胁，如 2010 年年初的小麦冻害与果树冻害都是近 30 年来最严重。

6.5.2.3　对城市环境的影响和风险

华北地区是我国霾天气的多发区之一，华北地区的霾呈现显著增加的趋势。霾是人类社会经济活动产生的人为影响因素和气候变化带来的气候影响因素相结合的结果，其形成主要源于人类活动。在中国东部地区，霾日数与降水日数、平均风速和大风日数基本以负相关为主，与静风日数以正相关为主。近年来，华北地区降水及降水日数呈现减小趋势，导致大气对污染物的沉降能力减弱，冬半年平均风速和大风日数减小以及静风日数增加又妨碍了空气中污染物的扩散，使京津冀及其周边地区成为我国中东部霾区中情况最严重的地区之一。不利的气候条件加剧了霾的出现，但系统地阐述霾天气的成因及变化，还需要更深入的研究。

6.5.3　华东地区

6.5.3.1　农业

华东区域是我国重要的农业产区，在过去的 50 年，其热量资源、农作物种植面积和粮食产量中的气象产量发生了明显的变化。气候变暖对华东地区作物热量有着积极的影响，日平均气温稳定通过 0℃和 10℃，初日、终日、初终日期间日数及积温分别呈提前、推迟、增加和增多的趋势。在粮食亩产量中，气象产量以江苏和山东省为增加的趋势，其余省市气象产量呈减小的趋势。

6.5.3.2 能源消费

自1961年以来，采暖度日呈现出先增加后减少的变化趋势，制冷度日则呈现出先减少后增加的变化趋势。其中，采暖度日在华东大部分地区都有所减少，并呈现出北部多—中部中等—南部少的空间减少趋势；制冷度日在华东多数地区都有所增加，并以长江三角洲地区、浙江东部和福建的增加最为明显。

6.5.3.3 水资源

在过去的50年，华东区域年降水量变化的地区差异较大，淮河流域特别是中上游和沿淮地区2000年以来降水量明显增多，东南诸河呈增加趋势，黄河流域呈波动减少趋势，长江流域则无明显变化趋势。旱涝事件总体上趋多趋强，淮河流域、黄河流域和长江流域的干旱范围在迅速扩大或逐步扩大。各大主要流域年蒸发量多呈下降趋势，特别是淮河流域下降显著。各大主要流域径流量多呈减少趋势，但程度不一。黄河流域下游径流量从20世纪70年代后期开始明显减少，淮河流域整体上呈下降趋势。但受降水影响，有明显的阶段性变化。闽江流域呈不明显减少趋势，而长江流域径流量与降水量类似，无明显增多或减少趋势。气候变暖还易导致江河湖泊水质恶化，巢湖、太湖等水体蓝藻爆发比以前频繁。

6.5.3.4 海岸带

华东沿海省市的海岸线总长度超过全国比例的50%，有5个省份位于沿海地区。自20世纪80年代以来，我国沿海海平面呈波动上升趋势，其中东海和黄海海平面平均上升速率较高，达2.88 mm/a。海平面上升已经导致风暴潮频率增大，水位抬高，潮流顶托作用加强；导致河道排水不畅，从而妨碍污水的排放和洪水的下泄，加剧了洪涝灾害。

6.5.3.5 人体健康

华东区域城市化程度高，人口密集。极端天气气候事件增加和大气污染造成空气质量的下降，对人类健康生活所要求的大气环境带来不利影响。华东区域夏季经常受副热带高压天气系统控制，持续性高温天气出现频率较高，江西北部、浙江北部的高温热浪频次最高，高温日数最多；高温热浪发生的频率及强度增加，常导致某些疾病的发病率和病死率的增加。受热浪影响引起的高死亡率疾病主要包括心血管、脑血管、呼吸系统等疾病。高温加快媒介昆虫的生长繁殖及细菌疾病的传播，并使昆虫体内病原体的致病力增强而利于某些传染病的流行。因此，全球气候变暖是传染病分布区扩展的重要诱因之一。洪水浸泡土地，填满了很多水坑水沟，致使菌类生长增多，并为传播疾病的寄生虫提供了新的繁殖场所。近年来，血吸虫病在华东区域的江西、安徽以及江苏部分地区呈上升趋势。

6.5.3.6　自然生态系统

气候变化影响了海岸带生物的迁移，使得南海暖水鱼种向北进行迁移，如鲸鲨在中国沿海洄游时间明显推后近 1 个月，在山东沿海滞留时间也有所延长。海洋温度升高，也导致沿海区域海洋大型藻类灾害事件增加，对红树林生态系统的威胁有所加强。华东地区湿地面积受降水量影响较大，总体上呈湿地退化、面积减少的趋势；湿地植被出现湿生植物向沙生植物转化、湿生和挺水植物则快速向湖心推进的趋势；而湿地碳循环受气候变暖趋势的影响，碳存储量呈增加态势，湿地生态系统表现为大气的碳汇。森林生产力受温度和降水的变化影响，总体上呈现增加的趋势；气候变化导致各种类型森林带呈现向北推进、山地森林垂直带谱向上移动的趋势。

6.5.3.7　城市环境

华东地区是我国城市化水平最高的地区。气候变暖导致极端天气增多，强降水事件发生频率增加，加上不透水地面大幅增加，城市暴雨内涝频繁发生。气候变暖还加剧了城市热岛效应，城区高温热浪增强、高温日数增多，尤其是长江三角洲地区。气候变化使城市环境不断恶化，长江三角洲地区省市（江苏、上海、浙江、安徽）成为我国雾霾最严重的地区之一。

6.5.4　华中地区

6.5.4.1　农业

近几十年来，气候变化对华中地区农业的影响主要表现在适宜种植双季稻、春性小麦品种的区域增大、水稻生育期缩短。湖北省适宜“早熟早稻 + 中熟晚籼”搭配双季稻种植的区域明显增大，湖北省的适宜种植区由鄂东南向西扩展到江汉平原，湖南北部的适宜种植区也大幅扩大。河南省适宜种植冬性小麦品种的等温线明显北移，弱春性小麦品种可种植面积扩大。河南省水稻拔节期的生育期也明显提前，分蘖前的生育期以缩短为主，拔节后以延长为主。华中地区农业对气候变化的敏感性增加，北部地区比南部更为敏感，由气候变化造成的小麦、水稻、棉花、柑橘产量波动性增大。冬季变暖使病虫害的发育速度加快，越冬期缩短，导致农药使用量增加，对作物产量和品质造成较大影响。

6.5.4.2　水资源

华中地区干旱和洪涝发生频率和影响程度增加，特别是旱灾发生周期缩短。同时，华中地区水质污染现象加重。如 1992 年 2 月，汉江中下游首次发生水华，持续

10 d以上，而自1998年以来发生8次，发生间隔越来越短、持续时间延长、季节提前、范围扩大。华中地区一些典型子流域的控制水文站年平均流量呈减少趋势。洞庭湖流域城陵矶水文站年平均流量在1997—2007年呈减少趋势。汉江中下游年径流量在1991年前后突变减少。近年来，华中地区各省遭遇干旱、洪涝等极端水文事件的频率及强度等有所增加，对区域社会经济造成巨大损失。

6.5.4.3 湿地生态系统

气候变化造成华中地区湿地面积减小、水位下降、水质恶化，湿地生态环境遭到破坏，湿地碳汇功能降低、生物多样性受到威胁、生物习性发生改变。华中地区湿地是典型的江湖淤塞淡水湿地类型。华中地区的气候变暖，会引起水温不同程度的升高，从而加快生物新陈代谢，导致水体中溶解氧含量减少，植被缺氧死亡，产氧功能进一步降低，继而引起藻类大量繁殖。富营养化又进一步增加水中溶解氧的消耗，使缺氧更严重，必然会对湿地的生态产生影响，继而影响湿地生态系统的社会和经济功能。华中地区降水量的时空分布变化导致枯水期提前到来和时间延长，湿地水位波幅增大、有效水源补给减少，其调蓄洪水和维持生物多样性的功能降低，加速湿地生态脆弱性。

6.5.4.4 森林生态系统

气候变化使树种物候期提前、树种向北向高转移、森林火灾、森林病虫害的风险增加。华中地区森林树种春季物候期提前10 d左右，绿叶期延长半个月左右，春季物候期变化幅度比秋季明显。气候变暖使华中地区森林面积和蓄积量呈上升趋势，森林正在发挥积极的碳汇功能。同时，亚热带常绿阔叶林较大幅度地北移、巴山冷杉等林线区树种向高海拔迁移。另外，气温升高、干旱期延长导致可燃物增加，使森林火险期提前和延长，造成林火强度、频率和过火面积的增加。气候变化造成森林病虫害发生区域范围扩大，森林病虫害的种类、发生数量、强度及频率明显增加，森林病虫害的暴发周期相应缩短。如过去松毛虫10年左右暴发1次，但近20年来，缩短到每5年左右暴发1次。

6.5.4.5 重大工程

气候变化导致的极端天气气候事件频发，加大了工程的调度和管理难度。在气候变暖背景下，长江三峡工程上游流域与中下游汛期极端降水都呈现出向6月集中的共同趋势，长江流域产生遭遇性洪水的可能性增大，加大三峡工程的防洪压力。同时汛期发生洪涝以及枯水期发生干旱的频率可能加大，强降水、强对流天气等极端事件增加，影响水库管理、大坝安全，增加水库调度和管理难度以及影响蓄水发电效益。南水北调中线工程水源区汉江上游地区气温总体呈现波动上升趋势，降水量、径流量在波动中呈减少趋势，水源区和受水区的丰水年、枯水年遭遇规律发生变化。

6.5.4.6　人体健康

气候变化对华中地区人类健康造成不利影响。华中地区夏季高温热浪频率和强度的增加，导致夏季中暑人数大幅增加提升，引发心脑血管、呼吸系统等其他疾病或死亡。如 2006 年 6—9 月，武汉市共有 150 ～ 160 人因高温而中暑。华中地区暴雨洪涝增多增加了疟疾、乙脑、红眼病等传染性疾病的传播和发病率。华中地区的湖南、湖北省是血吸虫病的流行区，而该地区气候变暖有利于钉螺越冬，减少死亡率，缩短冬眠期，提高钉螺密度，还造成钉螺从长江以南向北迁移扩散。三峡库区历史上为血吸虫非流行区，但三峡建坝后库区生态环境变化，水流变缓，温度和湿度等向有利于钉螺孳生的方向转化，三峡库区已成为血吸虫病的潜在流行区。

6.5.4.7　能源消费

气候变暖使华中地区冬季供暖能源消耗减少，夏季制冷能源消耗增加。华中地区冬季取暖度日总体呈下降趋势，下降趋势自北向南逐渐减小，河南最大，湖南最小，东部下降趋势大于西部地区。华中地区夏季降温度日呈现“减—缓—增”的年代际变化趋势，20 世纪 60 年代至 90 年代呈现下降趋势，90 年代后期迅速增加。夏季制冷能源消耗的增加大于冬季采暖能源消耗的减少。因此，华中地区总体上能源消耗增加。

6.5.4.8　对城市环境的影响和风险

华中地区所在的长江中下游地区的霾日逐年代增加，进入 21 世纪后，年霾日数有大幅增加。而人类活动造成的大气污染物增加及天气气候变化是我国部分地区的霾日呈现增加趋势的可能原因。以湖北省宜昌市为例，随着经济的发展，宜昌霾天气开始逐渐增加，尤其是从 20 世纪 70 年代中后期开始迅速增加。

6.5.5　华南地区

6.5.5.1　水资源

珠江流域径流量增加，但旱涝频发，咸潮加剧。自 1980 年以来，珠江流域年降水没有明显增加或减少的趋势，水面蒸发和潜在蒸散均显著变小，径流总量呈增加态势。受气候变暖、降水不均、流域干旱等因素的影响，广东，特别是珠江三角洲地区咸潮呈加剧之势，咸潮活动越来越频繁、持续时间增加、上溯范围越来越大、强度趋于严重、影响越来越广。

6.5.5.2 农业

气候变化已经对华南区域的农业造成了一定影响，主要表现包括：一是作物生长期间的气候资源和气象灾害发生了变化，华南区域≥ 10℃的积温显著上升。广东省早稻生长季的降水量增加，日照时数减少。影响水稻生产的低温灾害有所减轻，但是，历史低温雨雪冰冻灾害造成果树和鱼类大量死亡，农业损失巨大。二是主要植物、动物的春季物候期提前，秋季物候期推迟，气候带有加速北移趋向。1998 年以后，广东省北热带面积有所增加，中亚热带面积有所减少。三是华南区域的龙眼、柑橘气候适宜度下降，双季稻中高适宜种植区面积增加，水稻生育期缩短，产量波动增大。日平均气温每升高 1℃，水稻生育期平均缩短 3 ～ 6 d。气候因素对广西粮食单产波动的影响占 57% ～ 67%。四是复种指数增加，病虫害影响加重。从 20 世纪 80 年代初至 90 年代末的 20 年，华南区域复种指数增加了 5.6%，但进入 21 世纪后增速放缓，广东甚至明显下降。

6.5.5.3 海岸带和沿海生态系统

华南区域海平面持续上升，对沿海经济发展和生态环境产生不利影响。中国沿海海平面平均上升速度为 3 mm/a，高于全球平均水平。南海海域和广东、广西、海南三省（自治区）沿海海平面上升速率为 1.8 ～ 2.7 mm/a，与全国海平面平均上升速率相当。海平面持续上升已对沿海地区经济发展和生态环境产生不利影响。一是风暴潮灾害程度和发生概率增大；二是沿海城市内涝频发，河流入海口日益淤积，河床抬高，严重影响航道、港口的正常运行；三是海岸侵蚀加剧。自 20 世纪 50 年代以来，海岸侵蚀日渐明显，部分岸段侵蚀严重。在过去的 30 年，中国海域的活造礁石珊瑚覆盖率呈下降趋势；自 2010 年以来，南海珊瑚热白化现象不断出现，气候变暖对南海珊瑚礁的影响逐渐凸显。2020 年，受夏季海水温度持续偏高影响，南沙群岛、西沙群岛、海南岛、台湾岛、雷州半岛和北部湾等海域均出现严重的珊瑚热白化事件。自 20 世纪 70 年代以来，中国红树林面积呈先减少后增加的趋势，2019 年恢复至 289 km^2。

6.5.5.4 珠三角城市群

自改革开放以来，珠三角地区经济发展迅猛，城市化进程显著，形成了包括广州、东莞、珠海等城市群。城市化不仅改变了下垫面以及城市上空的热力学特性，还使各种废、热气排放量不断增加，导致热岛效应进一步增强。珠三角的热岛强度（指城市和周边地区的温差值）呈逐年增强的趋势，年平均热岛强度已从 1983 年的 0.1℃上升到目前高达 0.6 ～ 0.7℃，每年高于或等于 35℃的高温日数均在 30 d 以上。同时，城市化使其上空成云致雨的凝结核的状况发生了改变，对区域降水有增雨效应，珠三角城市群不仅降水量明显多于周边地区，而且更易诱发强雷暴性降雨天气，加剧城市内涝，威胁城市安全。同时，城市化加剧了大气中的灰霾现象，1981—2008 年，灰霾天数超过 100 d 的就有 19 年，且呈现逐年增多的趋势，已经严重威胁到城市人民健康和经济可持续发展。

6.5.6　西北地区

6.5.6.1　水资源

西北地区水资源量多年平均为 1 635 亿 m^3，仅占全国总量的 5.85%。2000 年，区域人均水资源占有量为 1 781 m^3，为全国当年人均水资源量的 80.5%，属于严重缺水的地区。在气候变暖背景下，近几十年来，中国冰冻圈呈普遍萎缩趋势，尤其在西北干旱区十分显著，并有加速萎缩的态势。中国纬度最高的阿尔泰山地区冰川面积由 1960 年的第一次冰川编目到 2009 年的第二次冰川编目减少了 36.9%，属于中国冰川退缩最强烈的地区。乌鲁木齐河源 1 号冰川平衡线高度持续上升，上升幅度达到 108 m，2008 年接近冰川顶部。同期，祁连山七一冰川平衡线则上升了 230 m 左右。2020 年，乌鲁木齐河源 1 号冰川东、西支末端分别退缩了 7.8 m 和 6.7 m，木斯岛冰川末端退缩了 9.9 m，大、小冬克玛底冰川末端分别退缩了 10.1 m 和 15.7 m。其中，小冬克玛底冰川末端退缩距离为有观测记录以来的最大值。冰川融水径流增加，同时西北地区多数高山地区降水量也趋于增加，导致大部分内陆河河源区年径流量呈增加趋势。由于人类活动的干扰，导致了干流区年径流量和源流区出山口水量变化趋势有较大反差，其水资源呈减少趋势。而在西北东部，由于夏、秋季雨量减少，加之人类用水量明显增加，多数地区地下水位下降，河川径流量呈现较显著的减少趋势。黄河上游年径流量自 20 世纪 80 年代中后期逐年减少，加剧了水资源的短缺。但从 2003 年开始，黄河上游降水量持续增加，流量增多。自 2004 年以来，黄河源地区和柴达木盆地的湖泊水位、地下水位也呈持续上升态势。

6.5.6.2　农牧业

1961—2012 年，西北地区作物生长季≥ 0℃、≥ 10℃、≥ 15℃和≥ 20℃的积温呈现一致的显著增多趋势，分别为 69.2 ℃ d/10a、70.3 ℃ d/10a、69.7 ℃ d/10a 和 66.6℃ d/10a。由于初霜日显著推迟，终霜日提前，无霜期显著延长，提早了春播作物播种期，推后了秋播作物的播种期。气候变暖也加快了作物生长发育速度，使小麦、玉米等有限生长习性作物发育期缩短，棉花、马铃薯等无限生长习性作物发育期延长。变暖对棉花、水稻等喜温作物气候产量的提高起到了促进作用，但不利于春小麦、马铃薯等喜凉作物气候产量的增加。

随着气温上升，作物适生种植区域向北和高海拔地区扩展。例如，新疆棉花种植北界由莫索湾（45° 01′ N）北推到184团（46° 23′ N），适宜种植海拔高度提高了200 m左右。气候变化还使西北作物种植结构发生了较大变化：干旱灌溉区作物从以春小麦为主转变为以玉米和棉花为主，半干旱旱作区以春小麦为主转变为以冬小麦、春小麦、马铃薯为主。苹果适宜种植区扩大，坐果率下降。农作物病虫害种类增多，影响范围扩大，受害程度加重。高原牧区劣等牧草、杂草和毒草的比例增大，草原鼠害加重，草场产草量和质量下降，导致载畜能力下降。气候变暖为病原微生物繁殖滋生提供有利环境，使幼畜健康受到了威胁。但是高原牧场冬春季气温升高，雪灾次数减少，有利于幼畜越冬度春，牲畜死损率明显下降。

6.5.6.3 生态与环境

20世纪后半叶，西北大部分地区的自然植被出现退化现象，生物丰度和多样性明显下降。高海拔地区高寒草地植被覆盖度、牧草高度与生产力大范围下降，高寒草甸退化速率加快，退化草地面积不断扩大。另外，气候变暖使农田需水量加大，引起农业灌溉面积扩大和力度加强，改变了地表资源平衡，间接导致自然生态系统退化，加剧了西北地区地表沙漠和荒漠化速度。近年来，经过持续的治理，西北地区的沙漠化出现减缓趋势，部分地区出现逆转。但灌溉水量的加大，也使得区域盐渍化和盐渍撂荒土地面积增大，盐渍化程度加重，严重影响了西北地区的农业生产和发展。

西北地区水土流失非常严重，特别是在黄土高原地区，水土流失面积占总面积的2/3以上。仅甘肃省每年流入黄河的泥沙达5亿多t，水土流失面积达38.9万km^2，占全省土地面积的85.7%。但是，近年来，随着水土流失的治理力度不断加大，特别是小流域综合治理工程的大范围推广，水土流失面积得到了明显控制。

随着气温的升高，自20世纪70年代以来，西北地区最大冻深开始出现变浅迹象，80年代开始明显变浅，90年代又进一步变浅，速率不断加快。1981—2020年，青藏公路沿线多年冻土区活动层厚度呈显著的增加趋势，平均每10年增厚19.4 cm；2004—2020年，活动层底部温度呈显著的上升趋势，多年冻土退化明显。部分地区多年冻土向季节冻土退化，使冻土厚度较大区域的隔水层及其活动层对水资源的调节作用等特殊生态环境功能减弱。自20世纪50年代以来，西北地区湿地大多出现了明显的退化，表现为湿地面积快速萎缩、湿地生态功能的减弱和湿地生物多样性的丧失等。三江源地区湿地中的大多数湖泊出现了水域面积缩小以及内陆化和盐化现象。由于湿地的正常演变规律遭到破坏，年际波动振幅加大，致使生态系统脆弱性加大、功能衰退，生态安全面临的风险增加。随着三江源生态环境保护退牧还草等工程的实施，部分地区生态环境逐渐恢复，湖泊面积逐渐增加，草地生态环境趋向良性发展，野生动植物数量有所增加。

6.5.7　西南地区

6.5.7.1　农业

主要表现在气候带向高海拔和高纬度的位移和作物产量和品质上。如亚麻的种植上限从海拔 1 700 m 提高到 2 100 m；云南籼稻的种植上限在哀牢山以西从 1 350 m 提高到 1 480 m 左右；哀牢山以东地区从 1 200 m 提高到 1 350 m。在过去的 50 年内，本区域温度生长期内积温和日照时数整体呈增加趋势，有利于提高作物品质和产量。气候变暖改善了高海拔和高纬度地区的热量资源，促进了作物种植结构调整。气候变化加剧了干旱、洪涝、高温等农业气象灾害，尤其是春旱在最近几年尤为突出。春旱等极端气候事件对大田作物以及果树扬花和授粉均会造成影响，进而影响作物产量。气温的升高，对烤烟适宜气候区温度偏低的烟区产生不同程度的正面影响，但是对烤烟品质产生一定的负面影响。温度的升高影响了茶叶中的可溶性物质的合成，造成茶叶质量与口味的变化；极端气候事件，特别是干旱对茶叶的产量造成不利影响。气候变化还导致松茸出菇日一定程度推后。

6.5.7.2　水资源

西南高海拔地区的冰川退缩明显，主要江河流域降水量呈不明显的增加趋势，仅在岷江、嘉陵江和澜沧江年降水量有下降趋势。长江上游降水日数呈增加趋势，但四川盆地降水日数呈减少趋势。西南地区年蒸发量除金沙江流域外，都呈下降趋势。除岷江、沱江和嘉陵江年径流有显著下降趋势外，其他流域年径流均存在不同程度的增加。尤其是西藏地区的冰川表现出明显退缩趋势，且退缩速率还在逐年增大。2009—2012 年，连续干旱对春季农业灌溉用水和山区农民生计影响明显。

6.5.7.3　西南能源

西南地区有非常丰富的水能、太阳能和生物质能资源。水能资源对气候变化的响应非常敏感。西南部分区域降水呈不显著的减少趋势，区域内多数河流径流量减少，特别是枯水期的水位下降，对水力发电产生负面影响。同时，极端气候事件的增多，如洪水和雨雪冰冻，对能源设施产生了极大的破坏。西南地区西部，尤其是西藏，是我国太阳辐射最强的区域之一。近 50 年来，该地区年平均总辐射呈不明显的下降趋势，使得太阳能资源量减少。气温的升高有利于生物量的蓄积，气候变化对于西南生物质能的影响总体是正面的。气候变暖对于能源消耗的影响总体以负面为主。抵御极端气候事件的各种措施都会加大能源消耗。

6.5.7.4 生态系统

受气候变暖影响，西南地区的生态植被带向高海拔和高纬度迁移。林线海拔升高，灌木种类入侵高山草甸。青藏高原寒性草原向温性草原转化，高寒草甸向高寒草原退化。不同植物分布对气候变化有不同的响应趋势。分布面积减少的物种有马尾松、云南松、冷杉、云杉和云南樟等，分布面积增加的物种有青冈等。一些动物物种数量也有所减少，甚至有些濒临灭绝，如白琵鹭。气候变暖对物候已经产生了明显影响。多数植物春季物候提前；秋季物候推迟，生长季延长。但是研究也发现了冬季的升温可能会使冬季休眠植物所需的低温满足时间推迟，从而导致青藏高原高寒草甸和高寒草原生长季推后、生长期缩短。动物物候期的变化表现在青蛙始鸣期提前；鸟类、两栖类繁殖期提前；蝴蝶出现提前、飞行时间延长以及部分鸟类和哺乳类动物迁移时间改变等。受极端干旱的水分胁迫，亚热带常绿阔叶林凋落物量明显增加。

6.5.7.5 人体健康

在云南，高温热浪作为气象灾害逐步被人们认可，高温热浪导致人群发病率和死亡率升高。成都在极端天气较多的夏季和冬季两季，脑卒的发病率均较高。西藏雪灾造成人员冻伤、患雪盲症和并发心肌梗死等明显增多。重庆在 2006 年和 2007 年的特大旱灾和洪灾后，地方传染病发病率均高于 2005 年。气候变暖有利于传染病的流行，西南等地的疟疾、血吸虫等的疫区将向高海拔和高纬度延伸。自 20 世纪 90 年代以来，西南的鼠疫疫情也呈现上升趋势，老疫源区死灰复燃，新疫源县不断出现。气候变化、生态环境和鼠疫疫情三者之间的关系还有待进一步研究。气候变暖后，云贵高原的淡水湖泊富营养化程度有逐年加重趋势，直接影响人们的饮水安全。

6.5.7.6 旅游业

气候变化对西南旅游业的影响，主要体现在旅游景观改变和气象灾害频发两个方面。雪山冰川是西南的主要旅游资源之一，自 20 世纪 80 年代至今，四川的贡嘎山冰川、滇西北的梅里雪山明永冰川和玉龙雪山冰川发生强烈的退缩现象，造成冰川景观质量下降。气候变化也造成了植物季相景观的改变，气候变暖造成了杜鹃花沿海拔梯度开花物候的改变：在低海拔地区，杜鹃花开花提前，在高海拔地区开花期缩短，大大影响了赏花的不确定性和减少了观赏期。高原湖泊、湿地受气候变暖和人类活动的双重影响，原有的水生生态系统遭到破坏，深水植物逐年减少，大型底栖动物锐减，导致生物链中断，蓝藻和水葫芦等水生植物繁殖速度加快。极端气候事件对西南地区的旅游业影响巨大，2008 年的南方冻雨雪灾、2009 年以来的西南干旱、强对流天气和雾霾影响到旅游出行，造成旅游者的巨大心理障碍；日益频发的暴雨、山洪和泥石流毁坏旅游基础服务设施和造成生命财产损失。

思考题：

1．什么是气候变化的影响与风险？气候变化风险的内涵包括哪几个要素？

2．气候变化主要影响的领域有哪些？全球气候变化风险的格局如何？

3．你认为中国的关键领域面临怎样的气候变化风险？气候变化风险对你所在地区的影响有哪些？

第 7 章

气候变化适应

为应对不断变暖的地球所产生的风险，适应气候变化，减少脆弱性和暴露度，是实现可持续发展下主动适应的必由之路。而未来全球气候变暖的程度，主要取决于全球二氧化碳的累积排放量。因此，根本性地减缓气候变暖，需要全球减少对化石能源的依赖，共同减少温室气体排放。与减缓气候变化相比，适应是一个更加现实而迫切的任务，同时，适应气候变化在政策目标和技术手段上更复杂。

7.1 适应、减缓与可持续发展

7.1.1 适应与减缓

全球升温已经发生，而且将持续下去，对全球各国经济社会发展产生了重大影响，对国家经济安全、粮食安全、水资源安全、生态安全、环境安全、能源安全、重大工程安全以及国土安全等传统和非传统安全构成了严重威胁。2004 年，美国国防部出资委托美国全球商业网络咨询公司完成《气候突变的情景及其对美国国家安全的意义》报告，引发了世界广泛关注。之后，德国全球变化咨询委员会、欧盟理事会、美国国家情报委员会等国际研究机构陆续发布报告，强调气候变化对人类赖以生存的外部环境产生系统性影响，并与生态、经济、能源等问题紧密相连，提出对国家安全和国际安全构成的严重威胁。由此，气候变化作为重要的非传统安全问题得到了国际社会的高度关注。

重视气候安全，就要努力使社会对气候变化具有韧性，加强适应行动。而从根本上解决气候危机，则要强化减缓手段。首先，韧性是指某社会—生态系统处理灾害性事件或趋势或扰动，并作出响应或进行重组，从而保持其必要功能、定位及结构，并保持其适应、学习和转型能力。“韧性”具有两个含义：一是能够从变化和不利影响中反弹的能力；二是对于困难情景的预防、响应及恢复的能力。韧性最早在心理病理学的研究中被提出，用来描述承受压力的系统恢复和回到初始状态的能力，后来又被引入力学、生态学、社会学等多个学科领域中。伴随着全球气候变化影响的日渐深入，韧性这一概念也被逐步应用到气候变化领域中，用来描述社区、组织和个人的行为反应。韧性主要是针对系统自身而言，气候变化、灾害、市场波动等均可被看作是来自外界的扰动。

气候变化适应是自然或人类系统在实际或预期的气候变化刺激下作出的一种调整反应，这种调整能够使气候变化的不利影响得到减缓或能够充分利用气候变化带来的各种有利条件。气候变化导致的后果包括海平面上升、气候极端事件增加、水资源分布变化、健康风险增加、农业生产变化、森林植被变化等，需要针对这些方面采取措施减少其影响。如构建沿海堤坝防止海水入侵，通过强化基础设施来加强社区防洪和防泥石流的能力，改善季节性气候预报、粮食保障、淡水供应、救灾应急，可以带来许多实际益处。

气候变化减缓是指通过经济、技术、生物等各种政策、措施和手段，控制温室气体的排放和 / 或增强温室气体汇。为保证气候变化在一定时间段内不威胁生态系统、粮食生产、经济社会的可持续发展，将大气中温室气体的浓度稳定在防止气候系统受到危险的人为干扰的水平上，必须通过减缓气候变化的政策和措施来控制或减少温室气体的排放。如提高能源使用效率，减少化石能源使用，增加风能、太阳能等清洁能源比例，增加碳汇等。另外，国际上还提出太阳辐射管理（SRM）和碳移除（CDR）两大类地球工程技术，但地球工程技术手段的经济分析和国际治理机制仍有待探索，尤其是 SRM，具有高度的风险和不确定性，需要进行充分的科学论证。

作为应对气候变化的两个抓手，适应和减缓是相辅相成的，缺一不可。未来几十年，大幅减少温室气体排放可以降低 21 世纪及以后的气候风险，增加有效适应的前景，也可减少低碳转型的成本和面临的挑战。但是，即使是在全球面向碳中和路径转型中，适应仍旧是亟须的。因为气候变化的很多影响已经发生了，对这些已经发生的影响，如果不通过适应手段来加以调整改变，就没有办法将负面影响降到最低。比如，现在由于光、热、水都发生了一些变化，即气候的一些要素发生了一些改变，对农业种植布局，对更好抵御灾害的品种选配，都提出了一些新需求。这些都是适应措施。另外，因为所有的温室气体都是有寿命的，它们将存在几十年、几百年甚至更长时间。即使我们今天采取减缓措施，即使达到近零排放，但是其在过去或者现在排放的温室气体产生的气候效应，还会影响几十年、几百年甚至更长时间，特别是对海洋、冰冻圈等缓变过程。

积极应对气候变化需要减缓和适应并重。从宏观战略层面，减缓与适应之间联系密切，既是减少气候变化影响的必需策略，也是实现可持续发展的重要组成部分，二者缺一不可。推进气候韧性发展需要更加关注人和生态系统共存环境。就微观行动层面，减缓与适应之间差异显著。减缓与适应之间以及不同适应响应之间存在显著的协同效益、协同作用和权衡取舍。减缓和适应气候变化影响存在区域内和区域间的相互影响，尤其在水、能源、土地利用和生物多样性等之间的交叉点。适应与减缓及其共生效益和不良副作用之间存在密切联系。适应和减缓这两大战略在减少和管理气候变化风险方面是相辅相成的。未来几十年，大幅减排可以降低 21 世纪及以后的气候风险，可增加有效适应的前景。长期来看，可减少减排成本，有助于实现具有气候韧性的可持续发展途径。

应对气候变化的适应与减缓策略可从国家层面整合协调机制出发，提出引导地方规划行动的基本原则。国家层面应对气候变化的宏观战略，须遵循可持续发展的长远目标。在维护正当发展权益的同时，履行应对气候变化的国际承诺。地方行动则立足于整体利益原则，明确“共同但有区别”及“责权对等”，同时行动抉择应遵循三个基本原则：①适应优先原则。即在地方处于有可能遭受气候灾害的境遇之下，应确认适应气候变化的优先地位，再考虑减缓性行动。②最大收益原则。即以最小代价，获得最大减排和适应效果。③补偿行为原则。即在发展与气候保护之间的冲突难以避免时，考虑通过环境补偿行为最大限度抵消地方发展活动所造成的负面影响。

7.1.2 适应和可持续发展

可持续发展是指既能满足当代人的需要，又不会对后代人满足其生存能力构成危害。可持续发展是一个过程，而不是终点，其目的是为单独的人类个体和群体在一段延续的时间内，改善他们实现愿望、发挥潜力的机会，并同时保持经济、社会和环境系统的活力。可持续发展的元素包括社会、经济和环境三方面的尺度。发展、公平和可持续是未来可持续发展应对气候变化影响的必不可少的元素。

可持续发展（Sustainable development）的概念提出久远。1987 年，世界环境与发展委员会（WCED）在发表的《我们共同的未来》报告中正式提出了可持续发展的概念，并对其进行了比较系统的阐述。在报告中，可持续发展被定义为能满足当代人的需要，又不会对后代人满足其需要的能力构成危害的发展。它包括两个重要概念：一是“需要”，尤其是世界各国人们的基本需要，应将此放在特别优先的地位来考虑；二是“限制”，是对满足眼前和将来需要的能力施加的限制。1990 年 6 月，联合国在里约热内卢召开环境与发展大会，通过了以可持续发展为核心的《里约环境与发展宣言》《21 世纪议程》等文件。之后，中国编制了《中国 21 世纪人口、环境与发展白皮书》，首次把可持续发展战略纳入我国经济和社会发展的长远规划。可持续发展主要包括社会可持续发展、生态可持续发展和经济可持续发展。

2000 年 9 月，在联合国千年首脑会议上，世界各国领导人就消除贫穷、饥饿、疾病、文盲、环境恶化和对妇女的歧视，提出了一组 2015 年的目标和指标。这些目标和指标被放在全球议程的核心地位，被统称为千年发展目标（MDGs）。这是一个由全世界所有国家和主要发展机构共同展示的蓝图。这些国家和机构已经采取各种措施来实现可持续发展的目标。2015 年 9 月，在联合国总部举行的联合国可持续发展峰会上通过了新的联合国可持续发展目标，包括 17 个具体目标，即消除贫困、消除饥饿、良好健康和福祉、良好的教育、性别平等、清洁饮水与卫生设施、廉价和清洁能源、体面工作和经济增长、工业创新和基础设施、缩小差距、可持续城市和社区、负责任的消费和生产、气候行动、水下生物、陆地生物、和平正义和强大机构、促进目标实现的伙伴关系。可持续发展是以保护自然资源环境为基础，以激励经济发展为条件，以改善和提高人类生活质量为目标的发展理论和战略。它是一种新的发展观、道德观和文明观。

可以看到，气候变化已经扰乱了人类和自然系统。过去和当前的发展趋势（过去的排放、发展和气候变化）并没有推动全球韧性发展。未来十年将要实施的社会选择和行动，决定了中长期社会发展路径的气候韧性程度。更重要的是，如果目前的温室气体排放量没有迅速下降，特别是如果全球变暖在短期内超过 1.5 ℃，那么气候韧性发展的限制将会越来越大。这些前景受到了过去发展、排放和气候变化的制约，可通过包容性治理、充足和适当的人力和技术资源、信息、能力建设和资金来促成。

应对气候变化是可持续发展框架下的重要内容。可持续发展框架下的各类政策措施的实施，都是通过调整经济结构、推动技术创新、改变不可持续的消费和生活方式，与应对气候变化政策密切相关。同时，气候变化政策与减贫、保护环境政策也紧密相关，有利于促进可持续发展目标的实现。从适应气候变化与可持续发展政策联系看，无论是综合性规划还是专项规划，都应该在规划环评中进行气候变化影响和风险量化评估。从专项规划的覆盖领域来看，工业、农业、畜牧业、林业、能源、水利、交通、城市建设、旅游和自然资源开发等“十专项”几乎涵盖所有气候变化的脆弱领域。因此，特别需要强化气候变化脆弱领域评价，对气候变化的影响和风险进行量化分析，进而开展适应能力的科学决策，并促进相关部门和行业经济社会和环境的可持续发展。

中国提出的生态文明思想将可持续发展理念提升到了哲学意识形态的高度。“绿水青山就是金山银山”理念的核心内涵、“两个清醒认识”的现实意义、中国梦赋予的历史使命、生态文明在“五位一体”和“四个全面”中的战略地位、统筹山水林田湖草系统治理的系统工程思想，揭示了工业文明社会发展到一定阶段后“生态文明”社会运行的特殊规律，明晰了生态文明发展的历史阶段，描绘了生态文明社会建设的总蓝图，拟定了生态文明建设的唯物辩证法和自然辩证法。适应和减缓需要在可持续发展框架和生态文明建设思想下，加强区域间、行业间多层面、全方位的合作，结合发展经济、消除贫困、实现经济社会可持续发展的共同目标，采取协调一致的行动，统筹考虑诸多自然和经济社会因素，并选取协同的策略和行动。基于可持续发展理念下的决策，与我国迈向美丽中国，实现经济高质量发展具有异曲同工的效果。

7.2 国际适应政策与行动

7.2.1 气候变化适应特征

当面临气候变化的影响程度、发生的时间，以及适应有效性等方面的不确定性时，人类社会只有通过实施相关政策来应对气候变化的风险。在考虑到潜在的严重影响、持续存在的不确定性、技术进步的潜力，以及随时间变化的多种气候和非气候因素影响，迭代风险管理是一种有效的决策方式。评估潜在影响（包括小概率高影响）的最大可能范围是认识相关风险管理行动的效益关键。由于不同区域和不同环境下所采用的适应行动具有复杂性，因此认知和学习就是一种有效适应方式。越早地适应和减缓决策，越能影响整个21世纪气候变化风险的程度。采用情景方式进行研究是描述未来可能的社会经济路径、气候变化及风险的有效工具。人类与自然系统的脆弱性、暴露度和响应相互关联，其预测未来就存在不确定性，由此促进了风险评价中未来社会经济新情景的研究和探索。

适应措施的有效性取决于各种复杂条件的约束，以及各影响要素的共同作用。适应具有高度的地域性，并受限于特定的环境背景。因此适应措施并非普遍适用，需要因地制宜地选择。这几个因素需要在制定战略和措施的时候考虑到：①适应措施需要个体和决策部门广泛参与，相互补充，相互影响，使其效益最大化；②减少当前气候变化的脆弱性和暴露度，是适应未来气候变化的首要步骤，其措施包括为其他相关社会发展目标制定的双赢行动；③在治理层次上的适应规划和实施是依价值观、目标和风险感知程度而定的；④对不同利益、环境、社会—文化背景和愿景的认知能够促进决策制定过程；⑤决策执行过程中要充分考虑不同的环境及决策类型、决策过程和支持者，这样才能使其效益最佳；⑥已有的和新的经济分析工具可以提供预判，加强气候变化适应措施的制定；⑦一些制约因素会阻碍适应的规划和实施，比如财力和人力资源不足、治理的综合能力或协调能力不足、对风险的感知不同，还有如研究不足、监测和观测不足，以及经费不足等；⑧规划制定不当，比如，过度强调短期效应和对预计结果的估计不足也会导致适应措施效果变差；⑨还有一些证据表明，全球的适应的需求不强和用于适应的经费存在缺口，迫切需要更好的工具来评价全球适应资本、经费和投资需求。目前，估算全球适应成本的研究缺少数据、方法。减缓措施和适应措施间以及不同的适应措施之间也存在显著的协同效益、协同作用和权衡取舍，在区域内部和区域之间存在相互作用。

通过风险管理，可以减少暴露度和脆弱性，增强自然系统和人类社会的恢复力。气候恢复力发展路径是适应与减缓相结合的可持续发展之道。通过不断学习，促进有效的风险管理实施和持续。气候恢复力发展路径的前景与气候变化减缓的成效相关。减缓升温的速率和幅度，同时也争取到了几十年的适应气候变化的时间。采取行动的延迟会减少实现气候恢复力发展路径的机遇。较高的气候变化速率和程度使得超过适应极限的可能性变大。适应极限是由气候变化、生物物理和社会经济约束力共同作用的结果。当一个国家根据他们的国内环境和优势，实现可持续发展的愿景时，适应是最有效的。不断地学习、过程评估和创新变革会很好地促进可持续转型的实现。

无论是当前还是未来，适应可提升人民福祉、资产安全和维护生态系统的商品、功能和服务。适应未来气候变化的第一步是降低对当前气候变化的脆弱性和暴露度，将其纳入各种规划（包括政策设计）和决策中，以促进发展和降低灾害风险的协同效益。提高适应能力对有效抉择和实施适应措施具有关键作用。

从个体到政府，通过不同层次的行动可以提高适应规划和执行能力。国家政府可以通过保护脆弱群体，支持经济多样化，提供信息、政策、法律框架和财政支持等方式，协调各级地方政府的适应行动。基于地方政府和私营部门在社区、家庭和民间社会的适应措施及在管理风险信息和融资方面所起的作用，人们日益认识到地方政府和私营部门在推动适应问题上的重要性。

在每一治理层面的适应规划和实施都依赖于社会价值、目标和风险意识。认识不同层面的利益、环境、社会文化背景和期望有助于做出更好的决策。本地的、地方的、传统的知识体系和实践，包括本地人关于社区和环境的总体观念，是适应气候变化的主要资源，但在现有的适应行动中未能持续一贯地运用这些资源。整合这些知识和现有的经验能够增加适应的有效性。

规划不周、执行不力、过于强调短期结果，或未能充分预见后果，都会导致不良适应的弱化，从而加剧目标群体未来的脆弱性或暴露度，或其他人群、地区和领域的脆弱性。低估适应的社会过程的复杂性，可造成对实现预期适应成果不切实际的期望。

减缓和适应之间、不同适应响应之间存在显著的共生效益、协同效应和权衡取舍；区域内部和区域之间会产生相互作用。减缓和适应气候变化的努力与日俱增，这意味着它们之间的相互作用变得日益复杂，特别是在水、能源、土地利用、生物多样性部门之间的交叉部分，但理解和管理这些相互作用的政策管理工具仍然有限。这几点是一些具有共生效益行动的措施：①提高能源效率和清洁能源来源，从而减少损害健康、改变气候的大气污染物的排放量；②通过城市绿化和水的循环利用减少城市地区的能源和水的消耗；③可持续农业和林业；④保护生态系统，增加碳存储和其他生态系统服务。

经济、社会、技术、政治决策和行动的转型能够加强适应行为、促进可持续发展。在国家层面，根据本国国情和重点发展任务来提出国家愿景和实现可持续发展的路径时，转型才是最为有效的。如果不考虑转型变革，而仅适应相应变化可能会提高成本、增加损失、错失机遇。对转型式适应的规划和实施能够反映出现有模式是否得到了强化、改变或者协同，同时可能会对治理结构提出新的、更多的需求，以便能协同未来不同目标和愿景以及解决可能的公平和伦理问题。

7.2.2 国际适应气候变化政策体系

在国际多边进程上，《气候公约》下的促进适应气候变化行动是最重要的渠道，可以提高发展中国家适应气候变化能力，并最大限度降低气候变化不利影响。2001 年，《气候公约》第 7 次缔约方大会通过《马拉喀什协议》，为国家适应行动计划、适应能力建设和技术转让建立了框架性行动方案，并在全球环境基金外设立多边基金，提供资金支持。2004—2007 年，缔约方大会先后通过《关于适应和应对措施的布宜诺斯艾利斯工作方案》《关于气候变化影响、脆弱性和适应的五年方案》《关于气候变化影响、脆弱性和适应的内罗毕工作方案》等一系列工作方案和计划。在缔约方第十三次大会（COP13）通过的《巴黎行动计划》中首次明确了气候变化减缓和适应并重。之后的 4 次缔约方大会（COP16 至 COP19）中，建立了《坎昆适应框架》，在适应气候变化机制建立、《气候公约》内外适应气候变化协调性方面取得较大进展。2015 年，达成的《巴黎协定》中提出了与全球温升目标相联系的全球适应目标，并明确了适应的集体行动的全球盘点。2018 年，缔约方第 24 次大会（COP24）通过了《巴黎协定》实施细则，对包括适应在内的机制、规则达成基本共识，并对 2020 年后落实《巴黎协定》、加强全球应对气候变化行动力度作出了进一步安排。由于适应问题的内在驱动机制及相关要素复杂多样，数据资料和方法零散，科学统一的标准难以构建，因此如何度量适应目标及行动，提高对适应内在机制的理解和认识，优化适应措施，提高适应成效，是适应谈判的重要内容（图 7-1）。

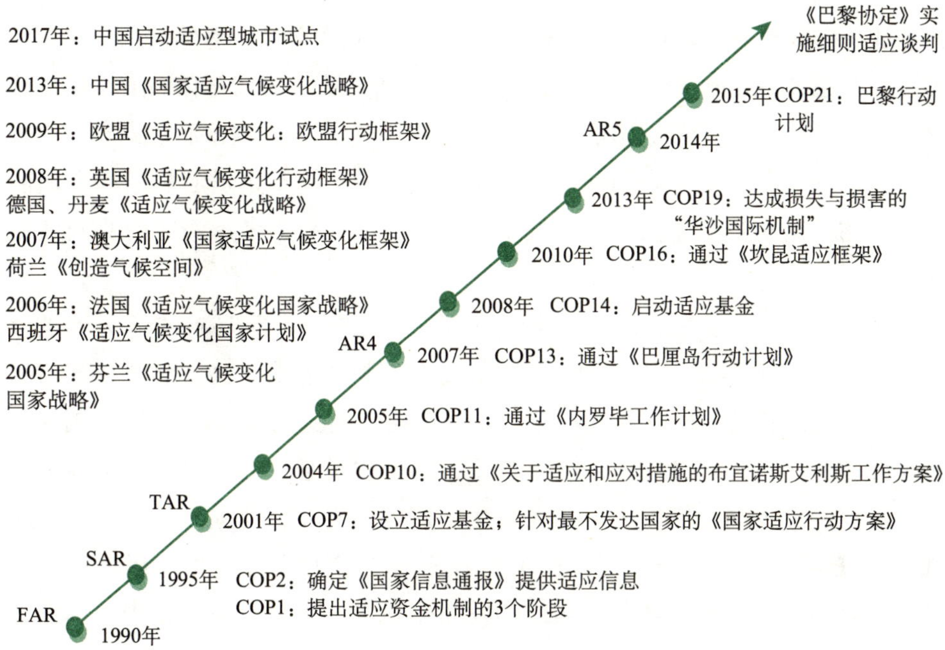

图 7-1　与适应气候变化有关的国际和各国国内政策进展

在促进气候变化适应的通用政策上，虽然各行各业都有适应措施方案，但其实施落实背景和降低气候相关风险的潜力因行业和地区有所不同。一些适应措施具有明显的协同效益、一致性协作和二择一权衡。在适应措施的选择上，虽然生态系统的基础的、制度的和社会措施的（包括为最弱势的群体提供气候安全网）适应经验正在增加，但是工程和技术适应措施仍然是最常见的适应选择。这些工程和技术的适应选择措施包括建设防洪堤、提高灌溉效率、发展节水技术、培育新品种、进行保护性耕作、灾害风险制图和监测及建设预警系统等。适应措施选择的选取方法继续聚焦于增量适应，以减少气候变化的不利影响，从而达到共赢目标。为了应对气候变化影响，有时还需要转型适应。转型适应是在作出涉及长期或提前适应决策时需要考虑的一个重要因素，它可以作为应对适应极限的一个措施。转型适应包括更大尺度和范围的适应、采用新技术或新实践、形成新管理结构或新体系，或改变活动地点。

对于已经和即将发生的不利影响，适应的效果更为显著，各个地区的公共和私营部门以及社区都在不断积累适应经验。由于没有普适的风险管理措施，适应行动必须因地制宜。国家层面在适应的规划和执行中起着重要作用，同时在次国家和局地层面适应响应具有不同的过程和结果。公共机构在促进从规划到执行的适应管理中起着重要作用。适应气候变化对所有国家都重要，对发展中国家来说更是如此，因为这些国家的经济严重依赖农业等易受气候影响的行业，所以其适应能力比工业化国家更弱。国家应建立法律框架，保护脆弱群体，提供信息、政策和财政支持，并通过各级地方政府协调适应行动。地方政府和私营部门则需在促进社区和家庭风险管理方面起更大作用。各行业各地区都有适应方案，而潜力和方法各有不同，这取决于其在降低脆弱性、管理灾害风险或主动制定适应规划等方面的背景。有效的战略和行动会在更广的战略目标和发展计划中考虑潜在的协同效益和机遇。

很多国家都制定了适应气候变化的政策（专栏 7-1）。欧盟 2007 年发布的《欧洲适应气候变化绿皮书：欧盟行动选择》，提出了欧洲社会、经济和公共部门尽早和全面开展适应行动。2013 年发布了《欧盟适应气候变化战略》。英国在国家《气候变化法案》支持下，成立了专门负责适应的分委员会。美国强调政府各部门协作，在不同领域提高适应能力，寻求现实的适应方案。德国推出了国家层面的适应战略以及相配套的行动计划。日本拥有相对先进的适应技术，环境省、农林水产省、交通省、文部科学省等部门均发布了适应气候变化研究报告、计划、指南等。

主要新兴经济体国家也积极推动适应气候变化工作，包括成立有关机构，制定相关战略、政策，并开展行动的评估。俄罗斯在 2009 年发布了《俄罗斯联邦气候学说》，明确了利用经济手段推动气候变化减缓和适应措施的实施。2011 年颁布了《2020 年前俄罗斯联邦气候学说实施计划》，明确了应对气候变化 31 项措施及其责任部门和进度安排。南非在 2004 年发布了《应对气候变化国家战略》，提出一系列与气候变化相关的优先行动，强调将气候变化问题融入政府政策中，并提高公众对气候变化的认识。2010 年，南非发布的《国家应对气候变化绿皮书》提出了适应工作的三个重点领域：水、农业和人类健康。

很多国家也开展了大量实践活动（专栏 7-2），一些好的做法和经验值得各国相互学习借鉴。

专栏 7-1　欧盟适应气候变化战略

2013 年，欧盟委员会出台了《欧盟适应气候变化战略》（以下简称战略），这一战略成为欧盟适应政策最重要的一环。目标是通过加强地方、地区、国家和欧盟各级应对气候变化影响的准备工作和能力，制定统一的办法和改善协调，为建设更具有气候适应能力的欧洲作出贡献。

战略确定了下列三个主要目标。

（1）促使欧盟成员国采取行动

“欧盟委员会鼓励各成员国采取全面的适应战略，并将提供资金帮助其构建适应能力和采取行动。委员会还通过“欧盟气候与能源市长盟约计划”，支持城市对气候变化的适应。这一优先任务旨在提高欧盟各国的气候韧性。

（2）更明智的决策

欧盟委员会将解决适应气候变化方面的知识差距，并进一步发展欧洲气候适应平台（Climate-ADAPT），作为共享信息的一种方式。

（3）“抵御气候变化”欧盟行动：促进关键脆弱性领域的适应

“欧盟委员会将促进农业、渔业和凝聚政策等关键脆弱性领域的适应，确保欧洲基础设施更具韧性，并推广采用自然和人为灾害保险。”

专栏 7-2　国际气候变化适应实践案例

一些国家开展的适应规划和行动，有些具有较好的示范价值，有些也存在一些负面影响。

（1）伦敦泰晤士河口 2100 计划：长期的适应性管理

英国环境局制订了泰晤士河口 2100 计划（TE2100），以应对未来伦敦面临的洪水威胁。这样做的动机是担心由于气候变化导致的海平面上升加速，适应时间可能已经比较有限，无法取代已于 1982 年完工的泰晤士河坝和其他保护伦敦的措施。通常，大型工程的计划需要 25 ～ 30 年的时间来进行规划和实施。TE2100 计划包括在前 25 年维持现有的防御设施，之后 25 ～ 60 年通过精心规划来加强现有防御设施，如适当提高保护标准。基于长远发展，如果海平面上升加速，2070年后将需要采取更实质性的措施，包括新建坝、有更高的保护标准，甚至在更靠近大海的区域建设沿海拦截坝。另外，开展对河口风险驱动因素的及时监控，确保洪水管理部门遭遇未能预料的情况发生而采取紧急措施。

（2）坦桑尼亚的混合农业系统

在坦桑尼亚的莫洛哥罗，农户已经以多种方式适应了气候和其他压力。他们通过砍伐森林或缩短休耕期来扩大种植。通过改变作物选择、增加肥料使用和灌溉，特别是增加劳动力投入，开展农业集约化。生计多样化是主要的适应战略——这涉及更多的非农业创收活动，利用自然资源维持生计和现金收入（例如，木炭生产），并包括手工黄金和宝石开采。还有种植制度的变化，如改变种植时间。移民是另一种常用的策略——农民为获得土地、进入市场或就业而迁移。父母把孩子送到城市工作，以维持生计和获得现金收入，从而减少依靠不确定农业收入来供养的家庭人口。虽然这些战略有助于满足短期需要，但从长期来看，它们可能会降低家庭的应对能力。例如，与气候变化相互作用的土地覆盖变化对当前和未来的灌溉用水供应，森林砍伐对生态系统退化都会产生负面影响，森林退化还意味着以森林为基础的收入来源将减少。这对社区中比较脆弱的群体，包括妇女和儿童更将造成较大问题。

7.3 中国适应政策和实践

7.3.1 适应政策

中国政府于1990年成立应对气候变化的相关机构，1998年成立了国家气候变化对策协调小组。2007年成立国家应对气候变化领导小组，成员涉及20个部委（局），2013年调整为26个。2018年，应对气候变化和减排职能划转生态环境部，2019年调整了国家应对气候变化领导小组。各省（区、市）人民政府也相继成立由主要领导任组长、有关部门参加的应对气候变化领导小组，并设立相应工作机构，编制省级应对气候变化方案，适应气候变化是其中的一项重点内容。

国家层面和各部门都发布了一系列与适应气候变化有关的政策。2007年发布了《中国应对气候变化国家方案》，2014年发布了《国家应对气候变化规划（2014—

2020)》，都对建立健全适应气候变化体制、机制和法制提出了明确要求。2013 年发布的《国家适应气候变化战略》，成为中国在适应气候变化领域的战略指南及纲领性文件。2016 年发布的《城市适应气候变化行动方案》，旨在推进我国城市地区适应气候变化的能力（专栏 7-3）。同时，国家层面还先后颁布了一系列专门领域的与适应气候变化相关的法律政策，《突发事件应对法》《气象法》《环境保护法》《循环经济促进法》《农业法》《森林法》《草原法》《野生动物保护法》《土地管理法》《水土保持法》《水污染防治法》《海洋环境保护法》等法律及《自然保护区条例》《气象灾害防御条例》等法规，以及各地制订的实施办法，都包含了适应气候变化的内容。如在农业领域，2003 年制定了《全国优势农产品区域布局规划（2003—2007 年）》；2008 年制定了《国家粮食安全中长期规划纲要（2008—2020 年）》，强调了提升中国粮食生产，适应气候变化能力，支持农业资源养护、生态保护及利益补偿，对于降低农业生产的脆弱性与气候风险具有重要意义。

专栏 7-3　适应战略和城市适应行动方案

2013 年 11 月，中国发布的《国家适应气候变化战略》（以下简称战略），是中国最为重要的、首次单独面向气候变化适应的国家级政策，标志着中国的气候变化适应工作从技术评估层面走向政策制定层面，并为省市级的适应规划制定提供了框架。

战略包括前言和五大部分：一、面临形势；二、总体要求；三、重点任务；四、区域格局；五、保障措施。战略明确指出中国适应气候变化任务的艰巨性和复杂性，由于“我国是发展中国家，人口众多、气候条件复杂、生态环境整体脆弱，正处于工业化、信息化、城镇化和农业现代化快速发展的历史阶段，气候变化已对粮食安全、水安全、生态安全、能源安全、城镇运行安全以及人民财产安全构成严重威胁，适应气候变化的任务十分繁重，但全社会适应气候变化的意识和能力还普遍薄弱”。明确了适应气候变化的指导思想、决策原则、主要目标和重点任务，提出中国在基础设施、农业、水资源、海岸带、森林、人体健康、旅游业七大重点领域的适应气候变化工作任务，包括 14 个示范试点工程，以及城市地区、农村地区、生态保护区等区域布局，并在机制完善、能力建设、资金支持、技术支撑、国际合作等方面提出了保障适应战略的落实。

2016 年 2 月，国家发展改革委联合住房和城乡建设部共同发布了《城市适应气候变化行动方案》(以下简称适应方案)。适应方案对于有效提升我国城市适应气候变化的能力，统筹协调城市适应气候变化相关工作发挥了至关重要的作用。2016 年 8 月，两部委又共同发布了《关于开展气候适应型城市建设试点工作的通知》，积极推进城市适应气候变化行动。

适应方案从规划统筹、适应试点、标准规范、建设管理、适应能力四个方面设定了定量和定性的目标，旨在建设气候适应型城市、维护城市安全宜居。适应方案明确了两项主要内容。一是中国建设韧性城市重点领域的主要行动，主要包括城市规划、基础设施、建筑、生态绿化系统、水安全、灾害风险综合管理体系、适应科技支撑体系七大优先领域。总体来说，可以概括为“规划统筹、设施保障、规范标准、体系支撑”。具体来说，城市的各项社会经济发展规划应统筹考虑适应气候变化，建设具有稳定性和抗风险能力的城市基础设施，规范建筑、生态绿化和水安全方面的适应标准，构建城市灾害风险综合管理体系和适应技术支撑体系。二是开展气候适应型城市的试点示范工作。考虑到城市面临的气候灾害风险的区域差异性，有必要在统筹协调的基础上根据不同区域的气候风险和突出性、关键性问题进行分类指导，开展试点示范，摸索和推广有关经验和做法，逐步推进城市适应气候变化的建设工作。

7.3.2 适应措施和实践

中国采取了一系列适应气候变化的措施并取得明显成效（专栏 7-4）。在灾害监测预警方面，以“3S”技术为支撑，建立了极端天气气候事件和气候变化相关灾害的监测预警系统和生态系统长期定位观测系统。气候变化对生物多样性影响的监测评估已应用于敏感物种就地或迁地保护及退化生态系统恢复重建。通过气象、灾情和农情信息员队伍建设和报告制度的建立，提高了应对极端气象灾害的综合能力。建立了地方行政首长负责制为核心的各级防汛抗旱工作责任制，完善了大江大河洪水调度、防御方案和水量应急调度预案，建成全国旱情监测系统，极大提高了应对重大旱涝灾害的能力。

在农业领域，充分利用干旱地区水资源开发利用与优化配置调度技术、农作物抗逆品种选育与病虫害防治技术、农林业布局调整与应变栽植技术、脆弱生态系统保护修复技术等。还积极推动气候金融市场建设，探索小额信贷、巨灾债券等创新性融资手段。建立健全风险分担机制，逐步构建天气衍生品交易平台，“气象指数保险”产品已在各地广泛试点和推广。

在海岸带领域，建立了异常大风、降水对近海生态环境影响的准业务化试运行预评估系统和示范海湾决策支持系统，推进海岸过程研究与海滩防护技术推广。建立了基于卫星遥感的陆源入海碳通量与扩散动态监测示范系统。

在基础设施建设领域，根据气候条件变化调整修订基础设施设计、工程建设、运行调度和养护维修的技术标准，科学评估标准升级的适应成本及环境收益。要求立项论证和准入管理将气候变化影响和风险评估作为项目申报和管理的重要内容。建立和完善保障重大基础设施运行的灾害监测预警和应急制度。通过大江大河综合治理、山区水土保持、水源保护、集雨节水、农田基本建设、城市下垫面改造与绿地建设等工程，提高了城乡应对旱涝灾害、水资源短缺的能力。此外，在旅游业、建筑业、交通运输业和能源工业等敏感产业也进行了一些适应技术研发，但尚未形成较成熟和完整的技术体系。

在城市领域，2016 年国家发展改革委联合住房和城乡建设部启动气候适应型城市试点工作，2017 年公布了全国首批 28 个气候适应型城市建设试点。该项试点强调以全面提升城市适应气候变化能力为核心，坚持因地制宜、科学适应，吸收借鉴国内外先进经验，完善政策体系，创新管理体制，将适应气候变化理念纳入城市规划建设管理全过程。入选首批试点的城市分布在东北（2 个）、华北（1 个）、华中（7 个）、西北（8 个）、华东（5 个）、华南（2 个）和西南（3 个）。上述大多数城市的气候变化风险主要集中在高温、干旱、洪涝、大风、低温冰冻、台风等。

在国际合作领域，中国政府本着“互利共赢、务实有效”的原则，建立了适应气候变化的国际合作机制，加强与世界银行、亚洲开发银行、联合国开发计划署、世界气象组织等多边机构的合作，参加《联合国气候变化框架公约》的绿色气候基金、适应基金、技术执行委员会等机构。2018 年 10 月，全球适应委员会成立，目前，有包括中国在内的 20 个国家作为联合发起国，由 34 位在全球拥有重要影响力和广泛声誉的人士担任委员。

专栏 7-4 中国气候变化适应实践案例

中国在若干重点领域开展了大量适应工作并取得重要进展。

（1）西北内陆生态脆弱区流域水资源调控与生态环境协同适应

气候变化使西北内陆生态脆弱区生态环境面临严峻挑战，当地通过加强流域水资源调控增强生态环境的协同适应。如针对气候变化加剧的上游水资源不稳定，采用以生态修复与水源涵养为主的适应技术，主要包括降水、冰川、湖泊、积雪和冻土监测，人工增雨增雪，水源涵养区生态环境保护与修复，山区水库设计与调度，气候变化对水资源影响评估，流域生态 - 水文过程耦合模拟与预测等。中游节水是黑河流域水资源调配的关键，推广实施了以技术节水和产业节水为主的农业综合技术，包括农田水利、灌区节水改造、退耕还林草等工程，推广垄膜沟灌和滴灌、微喷、喷灌等高新节水技术，加强田间用水管理和推广耕作保墒技术，调整种植结构，发展高标准设施农业等。将上中游调配节水用于修复下游退化生态，对下游生态需水量进行了严格的核算、调配管理与环境监测。分水方案实施后，黑河下游植被恢复显著，林草面积增加，胡杨林土壤水分含量明显增加。

（2）上海市为适应气候变化整合灾害风险管理

随着极端天气气候事件频繁发生和海平面不断上升，上海市整合城市网格化综合管理与应急管理模式，建立了跨部门预警信息发布中心、多灾种早期预警系统和一体化气象灾害风险管理业务系统，探索政府与社会资源的整合机制，实现了由被动应急管理向主动风险管理的转变。“一键式”预警信息发布系统实行24小时值守，整合广播、电视、报刊、互联网、微博、手机短信、电子显示屏等渠道，可一键快速发布5部门20种预警信息，为全市各类突发事件的预警信息发布提供权威、有效的综合平台。终端软件布设近40家委、办、局及相关机构和企业，实现了市级层面预警信息的左右互通和与各类预警发布手段的对接。

（3）气候变化背景下西南地区农业季节性干旱适应

在气候变暖背景下，西南地区水资源总量和降水有效性总体呈下降趋势，农业干旱呈多样化、复杂化和严重化趋势。通过强化政府主导作用。将防旱减灾工作纳入法制化、规范化、制度化、常态化管理。加强农田水利建设，实施毗河供水等大型水利工程，广泛开展山坪塘建设、治河造田、治山修田、改土蓄水、退耕还林还草和高标准基本农田建设。在减少水土流失、夯实农业防旱减灾基础方面发挥了重要作用。加强农业干旱监测、预测和评估，构建了季节性干旱指标体系，研发具有自主知识产权的土壤水分自动监测系列产品并布点 600 余个。干旱评估向定量和风险评估发展，并综合考虑作物种类、生育阶段、地形地貌、防旱减灾能力等多要素。农业产业结构与种植制度不断优化，实施秸秆覆盖增墒耕作、地膜覆盖保墒、密肥联合调控、雨水高效利用、就地集雨补灌高效用水、生理调控剂等关键技术，推动了西南山地农业生产技术的转型升级。建立了以产量为核心，包括形态与生理指标的耐旱高产品种鉴定指标体系，简单、易行、准确，鉴定和优选出大批适合主要干旱类型区的耐旱高产品种。人工增雨增雪也已成为防旱减灾的重要手段。

7.3.3　未来的适应任务

《中华人民共和国国民经济和社会发展第十四个五年规划和 2035 年远景目标纲要》明确提出要加强全球气候变暖对我国承受力脆弱地区影响的观测，提升城乡建设、农业生产、基础设施适应气候变化能力，对下一阶段适应气候变化工作提出了新的要求。未来要将适应气候变化全面融入经济社会发展大局，推进适应气候变化治理体系和治理能力现代化，强化自然生态领域和经济社会系统气候韧性，构建适应气候变化区域格局，有效应对气候变化风险和不利影响，降低和减少极端天气气候事件灾害损失，助力生态文明建设、美丽中国建设和经济高质量发展。

到 2025 年，要形成气候变化及影响观测、监测、评估、预警的完整体系，建立较为完善的自然生态系统和经济社会系统重点领域适应气候变化政策体系，基本形成全面覆盖和重点突出的适应气候变化区域格局，初步形成全社会自觉参与适应气候变化行动的氛围，发生同等强度与规模极端天气气候事件的损失率显著下降并接近发达国家水平，重大示范项目与示范区取得显著生态、经济与社会效益。到 2035 年，建成国际先进的气候变化及影响观测、监测、评估、预警体系，基本形成具有中国特色和国际先进的适应气候变化理论体系与重点领域、敏感行业的适应技术体系，发生同等强度与规模极端天气气候事件的损失率稳步降低并居世界领先水平；对潜在气候风险的预估和防范能力明显提升，全社会适应气候变化理念广泛普及；

适应气候变化能力显著提升，初步建成气候韧性经济体系和气候适应型社会（专栏7-5）。

专栏 7-5 中国未来适应气候变化的任务

一、加强气候变化监测预警和风险管理

完善气候变化观测网络：完善大气圈观测网络、建设多圈层及其相互作用观测网络。

强化气候变化监测预测预警：提升气候系统监测分析能力、提高精准预报预测水平、强化极端天气气候事件预警。

加强气候变化影响和风险评估：提升评估技术水平和基础能力、加强敏感领域和重点区域气候变化影响和风险评估。

强化综合防灾减灾：强化灾害风险管理理念、强化防范化解重大风险、强化自然灾害综合治理、强化应急机制和处置力量建设。

二、提升自然生态系统适应气候变化的能力

水资源：构建水资源及洪涝干旱灾害智能化监测体系、推进水资源集约节约利用、推进实施水资源配置工程、优化完善防洪布局体系与洪水风险防控体系、强化河湖保护治理能力与水资源涵养修复能力。

陆地生态系统：构建陆地生态系统综合监测体系、建立完善陆地生态系统保护与监管体系、加强典型生态系统保护与退化生态系统恢复、提升灾害预警、防御与治理能力、实施生态保护和修复重大工程规划与建设、加强陆地生态系统生物多样性保护。

海洋与海岸带：完善海洋灾害观测预警与评估体系、提升海岸带及沿岸地区防灾御灾能力、加强沿海生态系统保护修复、统筹融合适应气候变化与减污降碳。

三、强化经济社会系统适应气候变化的能力

农业与粮食安全：优化农业气候资源利用格局、强化农业应变减灾工作体系、增强农业生态系统气候韧性、建立适应气候变化的粮食安全保障体系。

健康与公共卫生：开展气候变化健康风险和适应能力评估、加强气候敏感疾病的监测预警及防控、增强医疗卫生系统气候韧性、全面推进气候变化健康适应行动。

基础设施与重大工程：加强基础设施与重大工程气候风险管理、推动基础设施与重大工程气候韧性建设、完善基础设施与重大工程技术标准体系、突破基础设施与重大工程关键适应技术。

城市与人居环境：强化城市气候风险评估、调整优化城市规划布局、保障基础设施安全运行、完善城市生态系统服务功能、加强城市洪涝防御能力建设与供水保障、提升城市气候风险应对能力。

敏感二三产业：提升气象服务保障能力、防范气候相关金融风险、提高能源行业气候韧性、发展气候适应型旅游业、加强交通调度和应急保障。

四、构建适应气候变化区域格局

构建适应气候变化的国土空间、强化区域适应气候变化行动、提升重大战略区域适应气候变化能力。

思考题：

1. 如何防范气候变化风险？
2. 请谈谈气候变化适应、减缓和可持续发展的协同和权衡之间的关系。
3. 国际气候变化适应的政策是什么？有什么优良做法值得借鉴？
4. 中国的适应政策和措施有什么特点，还需要在哪些方面进一步加强？

参考文献

[1] 国家海洋局 . 2012 年中国海洋环境状况公报 . 2013.

[2] 国家海洋局 . 2017 年中国海平面公报 . 2018.

[3] 水利部 . 2018 年中国水土保持公报 . 2019.

[4] 第三次气候变化国家评估报告编写委员会 . 第三次气候变化国家评估报告 . 北京：科学出版社，2015 年 .

[5] 华北区域气候变化评估报告：2020 编写委员会 . 华北区域气候变化评估报告：2020 决策者摘要 . 北京：气象出版社，2021.

[6] 东北区域气候变化评估报告：2020 编写委员会 . 华中区域气候变化评估报告：2020 决策者摘要 . 北京：气象出版社，2021.

[7] 东北区域气候变化评估报告：2020 编写委员会 . 西南区域气候变化评估报告：2020 决策者摘要 . 北京：气象出版社，2021.

[8] 陈晓晨 , 徐影 , 姚遥 . 不同升温阈值下中国地区极端气候事件变化预估 . 大气科学 , 2015, 39（6）: 1123-1135.

[9] 丁一汇 . 地球气候的演变——过去、现在和未来 . 北京：科学普及出版社，2016.

[10] 胡婷 , 孙颖 , 张学斌 . 全球 1.5℃ 和 2℃ 温升时的气温和降水变化预估 . 科学通报 , 2017（26）, 3098-3111.

[11] 李东欢 , 邹立维 , 周天军 . 全球 1.5℃ 温升背景下中国极端事件变化的区域模式预估 . 地球科学进展 , 2017, 32（4）: 446-457.

[12] 李维京．现代气象业务丛书：现代气候业务．北京：气象出版社，2012.

[13] 辽河流域综合规划（2012—2030）. https://max.book118.com/html/2017/0525/109114494.shtm.

[14] 马建堂，郑国光 . 应对气候变化与生态文明建设 . 北京：国家行政学院出版社，2017.

［15］秦大河．气候变化科学概论．北京：科学出版社，2018.

［16］王绍武．全新世气候变化．北京：气象出版社，2011.9.

［17］徐影．中国地区未来气候变化预估图集．北京：气象出版社，2015.

［18］张家诚，林之光．中国气候．上海：上海科学技术出版社，1985.

［19］郑大玮，潘志华，潘学标，等．气候变化适应 200 问．北京：气象出版社，2016.

［20］郑国光，矫梅燕，丁一汇，等．中国气候．北京：气象出版社，2019.

［21］郑景云，卞娟娟，葛全胜，等．1981—2010 年中国气候区划．科学通报，2013，58（30）：3088-3099.

［22］中国国家气候变化专家委员会、英国气候变化委员会．中英合作气候变化风险评估——气候风险指标研究．北京：中国环境出版集团，2019.

［23］中国气象百科全书，科学技术卷．北京：气象出版社，2016.

［24］中国气象局气候变化中心．中国气候变化蓝皮书 2018. 北京：科学出版社，2019.

［25］中国气象局气候变化中心．中国气候变化蓝皮书 2019. 北京：科学出版社，2020.

［26］中国气象局气候变化中心．中国气候变化蓝皮书 2020. 北京：科学出版社，2021.

［27］Guo X, Huang J, Luo Y, et al. Projection of heat waves over china for eight different global warming targets using 12 cmip5 models. Theoretical & Applied Climatology, 2017, 128（3-4）: 507-522.

［28］IPCC. Climate change 2007: Synthesis Report. United Kingdom and New York, NY, USA. Cambridge: Cambridge University Press, 2007 https://www.ipcc.ch/report/ar4/syr/.

［29］IPCC. Climate Change 2013: The Physical Science Basis. Contribution of Working Group I to the Fifth Assessment Report of the Intergovernmental Panel on Climate Change. United Kingdom and New York, NY, USA. Cambridge: Cambridge University Press, 2013.

［30］IPCC. Climate change 2014: Impacts, adaptation, and vulnerability. Part A: Global and sectoral aspects: Working group Ⅱ contribution to the IPCC fifth assessment report. United Kingdom and New York, NY, USA. Cambridge: Cambridge University Press, 2014. https://www.ipcc.ch/report/ar5/syr/.

［31］IPCC. Climate Change 2014: Synthesis Report. United Kingdom and New York, NY, USA. Cambridge: Cambridge University Press, 2014.

［32］IPCC. Global Warming of 1.5℃. An IPCC Special Report on the impacts of global warming of 1.5℃ above pre-industrial levels and related global greenhouse gas emission pathways, in the context of strengthening the global response to the threat of climate change, sustainable development, and efforts to eradicate poverty Cambridge: United Kingdom and New York, NY, USA. Cambridge University Press, 2019. https://www.ipcc.ch/site/assets/uploads/sites/2/2019/06/SR15_Full_Report_High_Res.pdf.

[33] IPCC. Summary for Policymakers. In: Climate Change 2021: The Physical Science Basis. Contribution of Working Group I to the Sixth Assessment Report of the Intergovernmental Panel on Climate Change. Cambridge University Press, 2021. In Press.

[34] IPCC. Summary for Policymakers. In: Climate Change 2022: Impacts, adaptation and vulnerability. Contribution of Working Group II to the Sixth Assessment Report of the Intergovernmental Panel on Climate Change. Cambridge University Press, 2022. In Press.

[35] Lamb H H. Climatic history and the future, vol2: Climate: present, past and future. London, England: Methuen and CO.L td, 1997.

[36] Li D, Zou L, and Zhou T. Extreme climate event changes in China in the 1.5 and 2°C warmer climates: Results from statistical and dynamical downscaling. Journal of Geophysical Research: Atmospheres, 2018, 123: 10215-10230.

[37] Moros M, Emeis K C, Risebrobakken B, et al. Sea surface temperatures and ice rafting in the Holocene North Atlandtic: Climate influences on notthern Europe and Greenland. Quat. Sci. Rev. 2004, 23: 2113-2126.

[38] Shi C, Jiang Z H, Chen W L, et al. Changes in temperature extremes over China under 1.5°C and 2°C global warming targets, Advances in Climate Change Research, 2018, 9（2）: 120-129.

[39] Sun Y, Hu T, Zhang X B. Substantial increase in heat wave risks in China in a future warmer world. Earth's Future, 2018, 6: 1-11.

[40] World Meteorological Organization. WMO Statement the State of the Global Climate in 2019. http://www.cma.gov.cn/en2014/climate/featutes/202003/P020200312816904145935.pdf.

[41] World Meteorological Organization. WMO Statement the State of the Global Climate in 2020.

[42] Xu Y, Wu J, Shi Y, et al. Change in extreme climate events over China based on CMIP5. Atmos. Oceanic Sci. Lett., 2015, 8（4）: 185-192.

[43] Zhou B, Wen Q, Xu Y, et al. Projected changes in temperature and precipitation extremes in China by the CMIP5 multimodel ensembles. J. Climate, 2014, 27: 6591-6611.

名词缩写及符号

名称	缩写符号	名称	缩写符号
政府间气候变化专门委员会	IPCC	氮气	N_2
IPCC 第一、二、三、四、五、六次评估报告，第一工作组	IPCC FAR SAR TAR AR4 AR5 AR6 WGI	氧气	O_2
联合国气候变化框架公约	UNFCCC	氩气	Ar
世界气象组织	WMO	世界气候计划	WCP
联合国环境规划署	UNEP	世界气候研究计划	WCRP
全球气候观测系统	GCOS	国际地圈 - 生物圈计划	IGBP
大气环流模式	AGCM	国际全球环境变化人文因素计划	IHDP
一般均衡模型	CGE	国际生物多样性计划	DIVERSITAS
第五阶段气候模式比较计划	CMIP5	地球系统科学联盟	ESSP
全球海表温度变率	SST-var	国际科学理事会	ICSU
北大西洋涛动和北半球环状模	NAO	太平洋年代际振荡	PDO
南半球环状模	SAM	热带印度洋偶极子	TIOD
大西洋经向翻转环流	AMOC	美国国家海洋和大气管理局	NOAA
大西洋多年代际变率	AMV	典型浓度路径	RCPs
大西洋经向模态	AMM	排放情景特别报告	SRES
大西洋尼诺	AN	全球平均地表气温	Ts
厄尔尼诺 - 南方涛动	ENSO	结合瞬态气候响应	TCR
印度洋偶极子	IOD	累积碳排放的瞬态气候响应	TCRE
准两年震荡	QBO	平衡气候敏感度	ECS

续表

名称	缩写符号	名称	缩写符号
太平洋年代际震荡	PDO	末次小冰期	LGM
年际内太平洋震荡	IPO	碳移除	CDR
北太平洋 / 北美模态	PNA	大气环流模型	GCMs
热带 ENSO 遥相关	ENSO tele	粮食安全指数	FSI
水汽	H_2O	归一化植被指数	NDVI
二氧化碳	CO_2	太阳辐射管理	SRM
氧化亚氮	N_2O	世界环境与发展委员会	WCED
甲烷	CH_4	千年发展目标	MDGs
臭氧	O_3	2100 计划	TE2100
六氟化硫	SF_6	气候适应平台	Climate-ADAPT
氢氟烃	HFCs	缔约方第十三次大会	COP13
全氟化碳	PFCs		